後現代科學觀

The View of Postmodern Science

劉　魁／著
孟　樊／策劃

出版緣起

社會如同個人，個人的知識涵養如何，正可以表現出他有多少的「文化水平」（大陸的用語）；同理，一個社會到底擁有多少「文化水平」，亦可以從它的組成分子的知識能力上窺知。衆所皆知，經濟蓬勃發展，物質生活改善，並不必然意味著這樣的社會在「文化水平」上也跟著成比例的水漲船高，以台灣社會目前在這方面的表現上來看，就是這種說法的最佳實例，正因爲如此，才令有識之士憂心。

這便是我們——特別是站在一個出版者的立場——所要擔憂的問題：「經濟的富裕是否也使台灣人民的知識能力隨之提昇了？」答案

恐怕是不太樂觀的。正因爲如此，像《文化手邊冊》這樣的叢書才值得出版，也應該受到重視。蓋一個社會的「文化水平」既然可以從其成員的知識能力（廣而言之，還包括文藝涵養）上測知，而決定社會成員的知識能力及文藝涵養兩項至爲重要的因素，厥爲成員亦即民衆的閱讀習慣以及出版（書報雜誌）的質與量，這兩項因素雖互爲影響，但顯然後者實居主動的角色，換言之，一個社會的出版事業發達與否，以及它在出版質量上的成績如何，間接影響到它的「文化水平」的表現。

那麼我們要繼續追問的是：我們的出版業究竟繳出了什麼樣的成績單？以圖書出版來講，我們到底出版了那些書？這個問題的答案恐怕如前一樣也不怎麼樂觀。近年來的圖書出版業，受到市場的影響，逐利風氣甚盛，出版量雖然年年爬昇，但出版的品質卻令人操心；有鑑於此，一些出版同業爲了改善出版圖書的品質，進而提昇國人的知識能力，近幾年內前後也陸陸續續推出不少性屬「硬調」的理論叢書。

這些理論叢書的出現，配合國內日益改革與開放的步調，的確令人一新耳目，亦有助於讀書風氣的改善。然而，細察這些「硬調」書籍的出版與流傳，其中存在著不少問題。首先，這些書絕大多數都屬「舶來品」，不是從歐美「進口」，便是自日本飄洋過海而來，換言之，這些書多半是西書的譯著。其次，這些書亦多屬「大部頭」著作，雖是經典名著，長篇累牘，則難以卒睹。由於不是國人的著作的關係，便會產生下列三種狀況：其一，譯筆式的行文，讀來頗有不暢之感，增加瞭解上的難度；其二，書中闡述的內容，來自於不同的歷史與文化背景，如果國人對西方（日本）的背景知識不夠的話，也會使閱讀的困難度增加不少；其三，書的選題不盡然切合本地讀者的需要，自然也難以引起適度的關注。至於長篇累牘的「大部頭」著作，則嚇走了原本有心一讀的讀者，更不適合作爲提昇國人知識能力的敲門磚。

基於此故，始有《文化手邊冊》叢書出版

之議，希望藉此叢書的出版，能提昇國人的知識能力，並改善淺薄的讀書風氣，而其初衷即針對上述諸項缺失而發，一來這些書文字精簡扼要，每本約在六至七萬字之間，不對一般讀者形成龐大的閱讀壓力，期能以言簡意賅的寫作方式，提綱挈領地將一門知識、一種概念或某一現象（運動）介紹給國人，打開知識進階的大門；二來叢書的選題乃依據國人的需要而設計，切合本地讀者的胃口，也兼顧到中西不同背景的差異；三來這些書原則上均由本國學者專家親自執筆，可避免譯筆的詰屈聱牙，文字通曉流暢，可讀性高。更因爲它以手冊型的小開本方式推出，便於攜帶，可當案頭書讀，可當床頭書看，亦可隨手攜帶瀏覽。從另一方面看，《文化手邊冊》可以視爲某類型的專業辭典或百科全書式的分冊導讀。

我們不諱言這套集結國人心血結晶的叢書本身所具備的使命感，企盼不管是有心還是無心的讀者，都能來「一親她的芳澤」，進而藉此提昇台灣社會的「文化水平」，在經濟長足發展之餘，在生活條件改善之餘，在國民所得逐日上昇之餘，能因國人「文化水平」的提昇，而洗雪洋人對我們「富裕的貧窮」及「貪婪之島」之譏。無論如何，《文化手邊冊》是屬於你和我的。

孟樊

一九九三年二月於台北

序 言

後現代科學觀（the view of postmodern science），顧名思義，是一種具有後現代主義（postmodernism）性質的科學觀，它是後現代科學哲學家們依據後現代主義的理論宗旨，在對傳統的科學理論提出全面、深刻批判的基礎上誕生出來的一種新型的科學觀。

與具有解構主義（deconstructionism）特徵的後現代思潮不同的是，後現代科學觀具有明顯的建設性特徵。長期以來，在中外學術界，後現代主義理論總是顯得以擅於解構和批判而聞名，而在理論的建構上則顯得不足，以至於我國大陸的一些學者把後現代主義與解構主義等同起來，抓住其中的一些過激言辭進行猛烈的抨擊與批判。

實際上，任何一種新型的理論的提出總是要經歷兩個階段：首先是激烈地抨擊、批判作爲其靶子的傳統理念，這樣，在批判的過程中就不免會有一些過激的言辭與方法；然後才對有關問題作出新的、建設性的闡釋。後現代主義作爲一種人類在後工業時代出現的新型的文化思潮，自然也是如此。

按照筆者的看法，以德希達（Jacques Derrida）爲代表的具有解構論特徵的後現代理論實際上是後現代主義發展的早期階段，目前以當今美國的理查•羅逖（Richard Rorty）和大衛•格里芬（David Ray Griffin）等人爲代表的具有建構性特徵的後現代理論是其發展的第二階段。

當然，這種劃分也只是一種粗淺的劃分，並不意味早期的後現代主義者就沒有自己的理論構想。

根據筆者的研究與反思，後現代主義的最

基本特徵是多元論（pluralism），即使是早期的解構主義也是建立在多元論基礎上的。目前學術界之所以有許多人不能容納和接受後現代主義理論，在很大的程度上就是因爲他們是站在一元論的立場上來思考問題的。

實際上，一元論與多元論各有其理論的合理性。一元論的合理在於它的理想性，在於它容易滿足人類追求終極眞理與終極理解境界的欲望，借用當代美國哲學家普特南先生的話來說，這是一種「神目觀」，它要求主體居於神者的絕對客觀地位。而多元論的合理性在於它的人類學性質的現實性，其合理性是建立在人類學概念基礎上的，借用羅逖的話來說，是建立在具有人類學性質的種族中心主義（racialism）的概念基礎上的。傳統的世界觀是建立在非人類學的基礎上的，從非人類學化向人類學化的演變，實際上是當代世界觀和科學觀（the view of science）變化的根本特徵。

毋庸諱言，後現代科學觀是一門正在形成與發展中的科學理論，要對它進行全面地、客觀地評價還爲時過早。因此，本書的宗旨不在於對其進行全面地、完全合理地評價，而是在於從多元論的角度對後現代科學觀進行概述，並爲其合理性提供理論上的證明，爲其未來的發展闡明一種比較合理的方向。

人類長期以來在理論上總是追求永恆的、超歷史的和非人類學的眞理論，在思維方式上總是崇尚一元論，而對多元論則持反對、甚至是敵視的態度。因此，後現代科學觀在未來的發展中必然會遇到重重的阻力，它本身在發展過程中如果不能把握自己的合理界限，必然也會重蹈傳統世界觀和科學觀的覆轍。

限於篇幅，本書主要著重於其本體論、認識論和後設科學論述評。本書在形成過程中曾得到孟樊先生和賴筱彌經理的大力支持與幫助，在此特致予衷心的謝意。

此外，本書形成之時，正値先父劉宗榮去世的七周年前夕，我不由得回憶起先父的辛勤撫育與培養，如果沒有先父的培養與教育，我至今可能還掙扎在偏遠、落後的農村，就不可能有這本書的形成，因此，我在此把這本書獻給先父，作爲對先父去世的一個紀念。

劉魁　謹序

目　錄

導　論

後現代主義是目前流行於歐美思想界的一股強大的文化思潮，它最早孕育於30年代的現代主義思潮母體中，60年代才開始在思想界嶄露頭角，到70、80年代，隨著高達瑪（Hans-Georg Gadamer）與德希達、哈伯瑪斯（Jürgen Habermas）與李歐塔（Jean-Francois Lyotard）等後現代主義大師的理論之爭以及羅逖「無鏡哲學」的闡釋，於是風靡了歐美思想界，其影響涉及建築學、繪畫、音樂、社會學、政治學與哲學等領域。隨著後現代概念的廣泛運用，後現代主義思想體系也層出不窮，分歧亦很大，以至於有人說，有多少個後現代主義者，就有多少種後現代思想。後現代科學觀就是在這過程中產生的一股科學哲學思潮。

與以往後現代思潮不同的是，它不僅具有解構與反還原的特徵，而且還具有建設與整體論的特徵，使得後現代主義科學思潮具有了重構的性質，擺脫了人們對它只注重解構與批判而不善於建設的指責。筆者認爲，後現代科學觀雖然只是其中的一個重要思潮，但它在多元論基礎上對本體論、認識論和後設科學論的重新建構，不僅預示著後現代主義思潮發展的新趨向，即從解構朝建設的轉向，它在某種程度上也把早期批判性的後現代主義者潛意識中的思想表達了出來。後現代主義思想家們內部雖然有種種分歧，但多元論却是其共同的、一貫的特徵，因爲早期後現代主義思想家們的批判也是從多元論角度出發的。因此，本書著重從多元論的角度來闡述他們的思想脈絡。

限於篇幅，本書分爲四章探討了四個方面的問題。第一章主要是研究後現代科學觀的基本特徵。在這一章，本書首先介紹了後現代科學觀興起的時代背景，在此基礎上探索了它的基本特徵。第二章主要是研究後現代科學本體論。任何一種理論思潮都是有其本體論爲基礎的，即使是以解構和批判傳統本體論而著稱的後現代主義科學觀也不例外。在這一章，本書首先探討了現代機械本體論的基本內容，並從多元論的角度對兩種不同本體論的合理適用邊界進行了探討。第三章主要是研究後現代科學認識論。後現代主義思潮對傳統哲學的批判是建立在其認識論基礎上的，即使是它的多元本體論的建立也不例外。因此，在某種意義上可以說，後現代主義思想方法的秘密就隱藏於它的認識論之中，我們要深入研究後現代主義科學觀，就不能不研究其認識論。在這一章，本書首先探討了西方現代認識論的基礎主義特徵以及後現代思想家們從各種角度進行的批判，然後闡述了後現代無鏡認識論的基本特徵。第四章主要是探討後現代主義的後設科學觀。後現代主義在本體論與認識論上的變化，必然會引起其科學觀的變化。在這一章，本書首先揭示了傳統後設科學論的理論困境，隨後對後現代科學哲學家們的後設科學觀進行了述評。在結語部分，本書主要從人類學角度簡要闡述了後現代多元論的合理性，指出了其未來發展的合理方向。

第一章
後現代科學觀的背景與特徵

後現代科學觀是相對於現代主義（Modernism）的科學觀而言的，是針對後者的理論缺陷和現實後果所提出的。與歷史上的任何一種新型的理論思潮出現的背景一樣，後現代科學觀的出現不是偶然的，它不僅是由理論本身的內在邏輯發展的結果；更爲重要的是，它是由於現實發展的需要所導致的。因此，爲使讀者們準確地把握和理解後現代科學觀相對於傳統科學觀的根本性變化，本書就先從其產生的時代背景談起。

一、後現代科學觀的時代背景

後現代科學觀在當代的興起，從理論上來說固然有衆多的根源，但最重要的根源就是現代科技革命的發生及其所產生的社會影響。因此，本節將著重談論現代科技革命的影響。

㈠現代科技革命的特徵

二次大戰以後，以美、英、法爲代表的西方資本主義經濟體系，在相對穩定的和平環境即冷戰的氣氛中，取得了經濟上的長足進步；在科學技術方面也獲得了巨大的發展。其基本特徵如下：

第一，科學、技術與生產的日益一體化。二次大戰以後，科學與技術、生產的相互關係發生了根本變化，科學的先導作用與技術、生產的推動作用辯證地結合在一起。從理論發明到生產應用的週期也日益縮短。正如當代哲學大師哈伯瑪斯指出的：「自19世紀末葉以來，標誌著先進資本主義特徵的另一種發展趨勢，即技術科學化的趨勢，變得日益明顯。透過引進新技術來提高勞動生產率，在資本主義社會中總會存在著這樣的壓力。可是技術革新往往建立在小型改革的基礎之上，而這些小型改革雖然也以發展經濟爲動力，但帶有自發的性質。隨著現代科學的發展，當技術的進步成了某種反饋關係的一方時，上述情形也就改變了。隨著大規模地開展工業研究，科學、技術及其在工業方面的運用，結成了一個體系。從那時起，工業研究就與由國家委託的研究聯繫在一起。這首先推動了軍事部門的科學技術的進步，科學技術的訊息又再從軍事部門流入民用生產部門。」

第二，科學知識的綜合化。其表現有二。一是日益增多的邊緣學科和綜合學科的出現，促成了學科間的相互滲透。以前彼此分離割絕的各基本學科相互溝通了起來，連成了一個牢固聯繫的有機整體。各門學科中的普遍性、共同性因素的增長，促成了各學科間的相互交錯。系統論、訊息論與控制論的產生，體現了科學知識體系整體化趨勢的日益增強。二是自然科學與社會科學的相互滲透。自然科學的發展已使它越來越變成了一種社會勞動，自然科學與社會科學不再是彼此獨立的領域，而是處於相互聯繫的統一之中了。這時，人們充分認識到，科學已不只是一種知識體系，更重要的是，它成爲一種生產知識的活動。作爲一種生產知識的活動，它已不僅具有認識活動的一面，還具有社會活動的一面，其中包括學派之間的影響，科學家本人的品質、性格和個性等。

第三，科學技術成了第一生產力。科學技術進步日益成爲實現經濟增長的首要因素，成爲促進勞動生產率提高的主要條件。哈伯瑪斯在1968年爲紀念馬庫色（Herbert Marcuse）誕辰70周年所作的長篇演講中曾經明確指出：「自19世紀後二十五年以來，在最先進的資本主義國家中出現了兩種引人注目的發展趨勢：其一，強化國家干預，這確保了制度的穩定；

其二，推進科學研究與技術之間的相互依存，這使科學成了第一位的生產力。」

第四，科學的意識形態化。正如西方馬克思主義的奠基人盧卡奇（Georgy Lukács）所揭示的，科學在現代正在向意識形態轉換。在歷史上，科學多數是作爲一種純粹的理論知識出現的，並不是一種意識形態，它只是在極少數的情形下，才被人們當作觀念鬥爭的工具而被應用到社會衝突中去，變成一種意識形態，從而滲透到社會生活的各個方面，就像伽利略（Galileo Galilei）的日心說和達爾文（Charles Robert Darwin）的物種進化理論曾被視爲意識形態出現一樣。而在現代，科學的技術化、商業化，已使它變成了一種幫助統治階段控制、影響人們日常生活的工具與手段，甚至成爲一種影響人們的思維、導致人性異化的力量。

第五，科學理論本身在研究方面也發生了變化，即呈現出從宏觀現象深入到微觀現象和宇觀現象的變化，從研究線性變化到非線性變化的變化，從追求確定性到追求非確定性，從追求精確性到模糊性的轉變，越來越趨向於研究非確定性、偶然性在事物發展過程中的作用。現代科學對大量混沌、無序現象的研究與發現，尤其是量子力學測不準原理的提出，就更加加深了人們在這方面的印象。

㈡現代科技革命的影響

由於科學技術在當今社會已成為第一生產力，所以，它對當今社會的影響是非常巨大的。大致來說，可歸結為如下幾個方面：

首先，科學技術的高度發展，使得人類的社會形態在五、六十年代發生了巨大變化，由工業社會進入了後工業社會。其表現是在政治領域，按照美國學者詹明信（Fredric Jameson）的說法，西方國家由壟斷資本主義向晚期資本主義（late capitalism）過渡，它們以其「有活力的、有原創力的、全球性的技術擴張」向被前資本主義所包圍的第三世界農業和第一世界的文化領域滲透、進攻，進行著全球性的經濟侵略和文化滲透，資本主義體系在二次大戰結束後也由於各個國家自身利益的需要而呈現出政治的多極化和文化的多元化傾向。在經濟領域，人類由以工業生產爲主的現代社會向以服務性行爲爲主的後工業、後現代社會過渡，訊息在經濟發展和生產競爭中占據舉足輕重的地位。人們在經濟競爭中由過去的爭奪物質資源和能量資源發展爲爭奪訊息資源。

其次，科學技術的社會化與第一生產力化，導致人類面臨嚴峻的生態危機。

在現代技術工具理性意識的影響下，人與自然的關係變成了征服與被征服、算計與被算計的關係，自然界不再被人們當成是生存於其中的、有其內在規律的客觀環境，不再被當作整體看待，而是被當成了取之不盡、用之不竭的物質資源與能量資源供應站。正如德國哲學家海德格（M. Heidegger）所說的：「由於這個技術的意志，一切東西在事先也因此也在事後都不可阻擋地變成貫徹著的生產的物質。地球及其環境變成原料，人變成人力物質，被用於預先規定的目的。」自然成爲現代技術和工業的唯一巨大的加油站和能源，最終導致了人類生存根基的危機。羅馬俱樂部 (Club of Rome) 所揭示的人類所面臨的生態危機，也在相當的程度上充分地證明了這一點。

再次，科學技術的意識形態化，導致人性的異化。

在現代工業社會，人性的異化主要表現如下：

1. 人與社會的關係，變成了異化與被異化的關係。一方面，在現代工業社會中，人與人的關係變成了物與物的交換關係，變成了相互利用的關係，整個社會因此陷入了物欲橫流的狀態。另一方面，作爲個體的人在這種社會狀態中，隨著市場經濟範圍的擴大，作爲個體的人在市場經濟體系中的地位越來越小，其行爲在很大程度上越來越受到外界的控制與影響。由此所導致的結果是，作爲個體的人成了整個社會、成爲作爲全體的人類追求最大利益的工具和分子，成了社會整體的一個螺絲釘，完全被社會所異化。

按照法蘭克福學派的說法，資本主義新的控制形式就是技術和工具理性的統治形式。「技術理性已變成了政治理性」，科學成爲無上高貴者，而人却無足輕重，人與科學的關係發生了異化。其表現是技術的統治使人在不自覺中喪失了自由、個性，表面上舒舒服服，實際上是「富裕和自由下僞裝的統治」。這種異化的結果是整個社會成爲單面的社會，在生活上人們成爲毫無反抗精神的順從奴隸，在政治上成爲一個沒有政治反對派的「單面政治」，在思想上成爲單面的思想，連藝術和審美都已墮落和單一化。總之，整個社會都已異化了。

2.人的物質需求與其精神需求的關係，變成了物質需求與物質需求的關係。在現代工業社會中，人們的精神需求也已物化，變成了一種更深層次的物質需求。這種精神需求的物化所導致的惡果是，人們往往忘記了作爲精神的自我的存在，變成了一種眞正的追求物質利益的機器。正是因爲如此，反理性主義才成爲現代哲學的主流，存在主義等人本主義哲學思潮才在當代受到了人們的高度重視，當代哲學家們也總是因此提醒人們不要忘記自我的存在，要注意直覺自我的存在。

再次，科學研究方向的變化導致機械決定論的世界觀被拋棄。現代科學對大量混沌、無序現象的研究與發現，尤其是量子力學測不準原理的提出，迫使人們重視偶然性、不確定性及無序現象在事物發展過程中的作用，從而對世界本體得出了與以往不同的認識，並使得人類進一步來反思人類認識活動，尤其科學研究活動的本質。

最後，訊息技術的高度發展，導致傳統的機械反映論必須被拋棄。

正如法國解構理論家所預言的，商品物化的最後階段是形象，商品拜物教的最後形態是將物轉化爲物的形象。在後現代社會，藝術成爲「擬象」(Simulacrum)，即沒有原本之物的摹本。形象、照片、攝影、電視、電影等皆成爲擬象。人們在電視、錄影與藝術作品中看到的「現實」，已不再是自然現實本身，而只是現實的影像，是人工現實或第二自然。語言、符號的意義，由於通訊規模的龐大和反覆傳播，也變得日益模糊，其能指與所指之間的對應關係受到極大削弱，尤其是語言的描述功能日漸衰微，而其敍事功能、演繹功能與虛構功能日益膨脹，語言體系及其文本自我關涉，失去了原本的指稱意義，這一點在現代文藝作品中表現得尤爲明顯。許多文學家、藝術家爲了追求商業利潤，滿足後現代公衆追求新鮮、刺激的心理需求，生產出大量荒誕、離奇和怪異的作品，利用某些理論加以隨便虛構。在這裏，各種文本成爲一種純粹自我關涉的語言遊戲，根本不反映任何外界現實，也不表達作者的內在情緒感受，文學藝術活動不再是一種創造活動，而變成一種商業化的生產活動。所以，藝術家沃荷（A. Warhol）感慨說：「當我照鏡子時，我什麼都沒看見，人們稱我是一面鏡子，鏡子照鏡子，能照見什麼呢？」，在這種情形下，傳統認識論自然要被拋棄。

總之，現代科技革命的社會影響已使得科學正在從一種在價值觀上屬於中性的知識形態的東西，轉變爲一種在價值觀上屬於非中性的意識形態化的東西，正在從一種對於人類來說屬於爲己的、可控制的和可理解東西變成了一種異己的、難以控制的和難以理解的東西。從其自身的內在結構來說，它正在從一種具有一元結構的體系轉變爲具有多元結構的體系。長期以來，人類一直認爲科學是一種理性的、具有眞理性的、並且能夠給人類帶來幸福未來的東西，是類似於佛教傳說中的觀音菩薩手中的淨瓶；却不料它竟然是古希臘神話中的一旦打開之後就給人類帶來無數痛苦與災難的潘朶拉之盒，或者說是一把旣能給人類帶來幸福，却同時又給人類帶來災難的雙刃劍。在這種情形下，人們就不得不重新思考傳統的科學本體論、科學認識論，不得不重新思考科學的本質，對科學在人類文化體系中的地位進行重新調整，這就是後現代科學觀出現的時代背景。

二、後現代科學觀的基本特徵

後現代科學觀除了具有前述的建設性特徵，與現代科學觀相比，它還具有如下特徵：

首先，它在理論上具有多元論特徵。

在後現代科學之前，雖然也有哲學家對傳統的科學理論、科學典範提出過批判，但他們批判的原因往往不是因爲它是一個統一的理論體系，而是因爲傳統科學作爲統一的理論體系的邏輯起點或理論前提不對，所以，他們的最終目的仍然是尋找一個新的、可靠的理論前提或邏輯起點，重新建立一個新的統一的理論體系。如黑格爾批判近代科學的知性思維方式，其主要目的是爲了提倡具有唯心主義特徵的辯證思維方式。柏格森（Henri Bergson）批判現代科學沒有把握世界的本質，批判現代的理性思維方式及其功利主義色彩，無非是爲了說明世界的本質是他所提出的「生命之流」，是爲了提倡直覺的思維方式。

與此不同，後現代科學哲學家們批判傳統科學，是針對它作爲一個統一的理論體系來進行的，所以，他們的目的不是要建立一個新型的統一理論體系，而是要建立一個容納多元典範的學說。這種多元性「強調而不是企圖抹殺或消滅差異，主張典範的並行不悖、互相競爭，因此，它是一種徹底的多元性」。按照他們的看法，「一切圍繞一個太陽旋轉的古老模式已不再有效，即使是眞理、正義、人性和理性也是多元的」。對於同一種現象、同一件事物，人們用不同的眼光，從不同的角度看，可以有完全不同的意義，導致相異甚至相悖的結論和結果。

例如，後現代科學哲學家費耶阿本德 (Paul Karl Feyerabend) 批判現代科學，就不是因爲它還不夠科學，而是因爲它在理論內容與方法上的獨斷性，把自己置於新宗教的地位，神話了自己內容的可靠性、方法論上的規則性，他說：「科學經常被非科學方法和非科學成果所豐富」，在他看來，科學與非科學的分離不僅是人爲的，而且對於知識的進步也是有害的。如果我們想要理解自然，控制物質環境，那麼我們必須使用一切方法和思想，而不只是其中的科學。關於「科學之外就無知識」的論斷只是另一種最方便的神話而已，「科學只是人們用以應付環境的工具之一，而不是唯一的工具。它並不是絕對可靠的」。因此，要促使科學進步，人們主張無政府主義的認識論，在方式上提倡「怎麼都行」(Anything goes)，他說：「科學在本質上是一種無政府主義的事業，理論上的無政府主義比認爲應按法則和秩序行事的觀點應更符合人性，更容易鼓勵進步。」

其次，它在本體論上具有非決定論的特徵。

後現代科學哲學在方法論上的多元論是以其本體論上的非決定論爲基礎的。它認爲，傳統的形而上學理論所信奉的機械決定論的世界觀是站不住脚的，因爲「最近的科學研究成果和近二十多年來的社會發展表明，用這種觀念去看待自然和社會，許多現象無法得到解釋。對於今天的世界，決定論、穩定性、有序、均衡性、漸進性和線性關係等範疇愈來愈失去效用，相反地，各式各樣不穩定、不確定、非連續、無序、斷裂和突變現象的作用越來越爲人們所認識，所重視」。所以，它在本體論上重視偶然性在事物發展過程中的作用，強調事物發展的不確定性。

再次，它在認識論上具有反基礎主義(anti-foundationism)的特徵。

按照羅逖的看法，傳統哲學自柏拉圖(Plato)，尤其是自笛卡爾(Rene Descartes)開創的近代認識論以來，都建立在一個隱喻「心靈是自然之鏡」(the mind is the mirror of nature)基礎上的，把人類的心靈看成是一面可以精確地反映外在世界的鏡子，哲學家的工作就是磨拭和檢查這面鏡子，爲人類認識尋找共同的、永恒的理論基礎。然而，人類認識實際上根本就不存在所謂的共同基礎，心靈也不是自然之鏡，因爲「事實上，只要你停留在表象的思想方式上，你就仍受著懷疑主義的威脅，因爲一個人無法回答是否知道我們的表象符合不符合實在這一問題，除非他訴諸於康德或黑格爾的唯心主義的解決辦法」。

最後，它在方法論上具有反還原論特徵。後現代科學哲學家對現代科學觀的批判以及對科學非人性價值的消解，是以對科學的還原論的立場和方法的批判爲基礎的。按照以格里芬爲代表的後現代有機論者的看法，具有機械還原論特徵的現代科學理論在說明自然世界的過程中，已導致自然或世界的祛魅（the disenchantment of the world），其表現是「否認自然具有任何主體性、經驗和感覺」。因此，科學研究在方法上應當還魅，也即應具有整體論和有機論的特徵。

第二章
後現代科學本體論

本書之所以認爲後現代科學觀具有建構特徵，就是因爲後現代科學哲學家們不僅從認識論和語言哲學等角度、等傳統科學觀提出了批判，還建立了與現代機械本體論截然不同的整體有機論。由於後現代有機本體論是建立在對現代機械本體論批判的基礎上的，因此，本章也就先從它對現代機械本體論的批判談起。

一、現代機械本體論批判

衆所周知，自近代以來的整個科學體系一

直都是以物理學爲模本而建立的，而物理學又一直是以機械論(mechanicalism)爲模本而建立的，所以，機械論是其基本特徵。對於這種本體論的基本思想，我們可以簡要地概括如下：

第一，世界在終極層次上是由不可再還原的、相互獨立的基本要素構成的。現代機械本體論認爲，世界上的各種存在與現象最終都可以被還原成一組基本要素。最初，世界被還原爲不可再分的原子，現在則被還原爲各種基本粒子和各種連續的場，如電磁場和重力場。總之，世界在終極層次上是由各種基本粒子和場構成的。

第二，構成世界的基本要素彼此間居於一種外在的關係。它們不僅在空間上是分離的，而且在性質上也是相互獨立的，即不會因爲所處環境的變化或其內在結構的變化而發生性質的變化。

第三，構成世界的基本要素之間主要是透過彼此推動而產生機械的相互作用，所以，其作用力難以影響到其內在性質。它與有機體各個組成部分之間的關係有明顯的差別。例如在一個有機體或在一個社會中，每一部分的性質深受其他部分的變化的影響，因此，各部分之間是有內在聯繫的。如果一個人加入到一個團體，整個團體的意識也許會由於他的所作所爲而爲之改變，但他並沒有像對待機器部件那樣驅動著人們的意識。機械論承認有機體內部的這種相互作用的存在，但是它認爲，有機體內部的這種相互作用最終可以藉由把它分解成組成肌體各器官的微小粒子，如DNA分子、普通分子、原子等等來加以解釋。總之，世界上的各種現象最終都可以還原爲其組成部分的機械作用來解釋。

對於這種具有機械論特徵的本體論，自近代以來雖然就已遭到許多科學家和哲學家的批判，但在二十世紀下半葉以前，由於現代生態學及一系列「複雜性科學」還未建立起來，所以，各門科學還很難從根本上擺脫機械世界觀的束縛。即使在著名的相對論和量子力學中，也還存在著一些最重要的方面深受機械世界觀典範的影響。所以，英國哲學家大衛・伯姆（David Bohm）指出，物理學中的機械論的觀點「……代表著一種現代思想，在19世紀末期達到了顚峰。這一觀點是今天衆多的物理學家和其他科學家研究方法的基礎。儘管近期的物理學家摒棄了機械論的觀點，但只有爲數不多甚至極少數的一般公衆意識到了這一事實；因而，機械論觀點仍占據主導地位，仍在發揮著作用」。

本世紀八十年代以後，以美國的格里芬等爲代表的後現代有機論者對這種科學本體論進行了深刻、有力的批判。按照他們的看法，這種具有機械論特徵的科學本體論在理論上是站不住脚的。

首先，它在理論解釋上已導致自然或世界的祛魅，甚至導致了科學自身的祛魅。

按照後現代有機論者的看法，在現代科學理論中，自然的祛魅主要表現在以下兩個方面：

1.它否認自然界有任何自主性和主觀經驗之類的現象的存在。按照這種機械論的現代科學本體論，世界是由各種受動的機械物組成的，即使是作爲萬物之靈的人也不例外。人類各種複雜的精神活動就是其大腦中樞的物理運動，甚至就是其機械運動，其中不存在任何自主性與創造性的活動。當代物理主義大師阿姆斯特朗（D. M. Amstrong）就說過，我們有全面的科學根據認爲「人只是一個物理機械裝置」，「事實上，精神狀態只是中樞神經系統的物理狀態罷了」，因而我們應該能夠從純物理——化學的角度「對人做出一個全面的解釋」。著名的行爲主義心理學家斯金納（B. F. Skinner）也明確指出：「我們不能將科學方法運用於一個被認爲是運動無常的主觀事物……人是不自主的，這一假設是將科學的方法運用於人類行爲研究的基礎。」

2.它否認人類的心靈對其身體的作用。按照這種機械論的現代科學本體論而言，任何物體之間的相互作用都必須是透過某種中介物的接觸性的相互作用，不可能有任何形式的「遠距離作用」。由此前提出發，它們否認自然事物有任何吸引其他事物的隱匿（或神秘）的力量，否認心靈對身體的作用，甚至否認心靈的存在。如以斯馬特（J. J. C. Smart）、羅遜爲代表的物理主義者（physicalist）（或稱自然主義者）認爲，「人就是由物理粒子組成的龐大的組合物，在此基礎之外並不存在什麼感覺或意識形態」，所謂感覺之類的精神活動，實際上就是人類大腦的活動，「雖然大腦過程不是感覺（因爲沒有感覺），但是這些過程就是被人們錯誤地稱作感覺的東西」。

可是，這樣一來，宇宙間的目的、價值、理想和可能性都不重要了，也沒有什麼自由、創造性、暫時性或神性。不存在規範，甚至不存在眞理，一切最終都是毫無意義的。尤其重要的是，這樣一來，不僅世界喪失了魅力，喪失了價值和意義，甚至連科學本身也喪失了魅力，喪失了價值和意義。因爲如果所有的人類活動都是毫無意義的，那麼作爲其活動之一的科學研究，必定也是毫無意義的。到此，自然祛魅的觀點已經走到了盡頭。

其次，當代科學的發展已對機械論性質的科學本體論提出了極爲有力的挑戰：

1. 在機械論中形成的二元論，是建立在有生命的自運動實在和無生命的受動物質的差異的基礎上的，但是，現代科學研究表明，即使是那些無生命的物質也是由更小的、高度活躍的實在構成的。也就是說，二元論對自運動物和受動物的劃分是不成立的。

2. 現代物理學，尤其是愛因斯坦著名的質能關係式$E=MC^2$揭示出（即使M代表質量而不是物質），物質和能量是可以相互轉換的。人們通常所稱謂的物質，不過是能量的「冷凍」形式。也就是說，二元論和物理主義所說的物質並不是構成世界的最基本要素。因爲物質從一種形式向另一種形式的轉換，以及物質向自由能的轉換無時無刻不在進行著。

3. 量子物理學認爲，物質和能量的基本形式並不完全是由施加於它們的力量所決定的，它們也有一定的自決力量。

4.現代科學研究表明，細菌及其構成它們的DNA和RNA大分子中也有類似記憶和決策的東西存在。

總之，現代科學研究表明，物質是一種活躍的和具有一定運動能量的存在，並不像機械論所認爲的那樣是一種惰性的存在。

再次，在方法論上，它也具有如下的缺陷，即過分強調構成事物的要素的作用，過分強調還原分析，缺乏時間演變的可逆性，忽視解剖對象的結構動態性，忽視偶然性和隨機性在事物發展過程中的作用，追求決定論的精確軌道，誇大把事物抽離環境的實驗方法在任何學科中的作用，追求絕對外在於研究者的純粹客觀性，企圖用單一的簡單化模式把世界描繪爲一個完美的機器。

再次，它已受到許多科學至今無法解釋，甚至無法承認的異常現象的反駁。這些異常現象已在相當的程度上揭示出機械論性質的科學本體論的局限性與弊端。

如前所述，現代科學研究是建立在實證論和還原論這兩個原則基礎上的。按照它的實證論原則，科學上可以承認眞實存在的事物，必須是物理上可測量的事物，否則，便不能予以承認。按照還原論的假設，對一切事物的科學解釋，只能是對其能夠從基礎層次上作出的說明，例如我們可以用分子的運動來解釋氣體的溫度，用刺激和反應來解釋人類的行爲。建立在這兩個形而上學的假設基礎之上的現代科學雖然已經取得了令人矚目的成就，但是這兩個原則也限制了人們對世界的客觀認識。

這主要表現在對待各種異常現象的態度問題上。幾千年以來，各式各樣的異常現象，包括非眼視覺現象、心靈感應現象、懸浮現象、搬運術、信仰療法以及其他所謂的超自然現象（supernatural phenomena）不斷地在世界各地的民間出現，並見諸報導。所有這些異常現象的共同之處在於，心對於物質世界有一定的影響——有些是直接的，如報導中的奇蹟般的治癒；有些是間接的，如人們假設的心靈感應。從日常生活角度看，這種影響是確實存在的。比方說，一個人的工作態度能造成心理的緊張與壓力，從而引起消化性潰瘍。一些病人也反映，純糖藥片能夠使他們的疾病症狀減輕，即所謂的心理安慰療法。在我們的日常生活中，有人如果敢否認我們的「心」對我們的行爲的影響，通常都是被當作荒唐可笑的作法。但是，那些受到實證論和還原論影響的科學家鑑於心靈與精神現象難以進行上述的實證研究和還原研究，對它們都持否認態度，企圖否認精神現象的存在，否認意識、心靈對我們的行爲的影響，由此導致對上述各種異常現象的否認與拒斥。各式各樣的解釋都試圖指出這些報導可能存在的錯誤或欺騙性。許多傑出的科學家爲此也分成兩大陣營展開激烈的爭論。由此可見，實證論與還原論這兩個形而上學的假設對人們的客觀認識已發生了相當大的限制作用。

最後，從現實後果而言，它在許多方面對人類及我們這個星球產生了很大危害。

後現代有機論者認爲，人類在現今時代所面臨的許多嚴重的全球性問題，如羅馬俱樂部所謂的「世界問題複合體」，即「無控制的人口增長、各國人民之間的生活差距與分隔、社會的不公平、飢餓和營養不良、吸毒、軍備競賽、民間暴力、侵犯人權、藐視法律、核瘋狂、自然系統的毀壞、環境退化、道德標準下降、失去信心、不穩定感等等」等問題，都是幾個世紀以前才開始統治世界的西方工業思想體系所產生的直接後果。

比方說，正是在機械論性質的科學本體論的影響下，人們才獨斷地認爲，在這個世界上，人類是萬物之靈，世界上的其他事物作爲人類的生存環境或者說是作爲人類的生存資源出現的，人類只要掌握了構成世界的基本要素及其運動規律，就可以隨心所欲地達到自己的目的。因爲物理學上的物質不滅定律和能量守恒定律告訴我們，物質是不滅的，能量是守恒的，人類對自然運動規律掌握得越多，他就能夠取得更多的資源，就能夠更進一步地爲自己的享樂和幸福服務。在這種觀念的支配與影響下，人類自近代以來就對其所賴以生存的自然環境與資源展開了大規模的掠奪性開發與利用，以致造成了今天人類所面臨的環境危機，人類所賴以生存的空氣與河流被污染，各種聞所未聞的疾病不斷出現，人類的生理機能也在不斷地惡化與下降。當科學的發展速度遠遠不能滿足人類消耗能源的增長速度之時，人類的各種族、各個民族及各個國家之間便展開了激烈的資源競爭，過去的蘇美這兩個超級大國在相當的程度上就是爲此而展開激烈的軍備競賽的，當今世界各地的地區性的、種族間的衝突在相當的程度上也是因此而起的。顯然，這種機械論的科學本體論對整個人類的生存與發展都是極爲不利的。

總之，機械論性質的科學本體論不僅在理論內容上導致了自然的祛魅以及科學本身的祛魅，受到了現代科學的挑戰和大量反常現象的反駁，而且在方法論上有許多難以克服的缺陷，在實踐中也導致了極爲嚴重的現實後果。

二、後現代有機本體論

後現代有機本體論實質上是一種既具有生態學（ecology）性質、又具有後現代性質的整體有機論，是由後現代主義思想家們針對現代機械本體論所具有的上述缺陷而提出的。它的代表人物主要是當今美國的哲學家大衛・格里芬、英國哲學家大衛・伯姆和澳大利亞哲學家查爾斯・伯奇（Charles Birch）等人。後現代有機論並不是一個嚴格的理論流派，而是一股把生態學、物理學、遺傳學等現代科學的研究成果以及歷史上的有機論思潮與目前流行的後現代主義相結合而產生的一種科學哲學思潮。

(一)後現代有機論的理論淵源

從理論淵源角度來說，後現代有機論主要是由於受到現代生態學、懷德海等人的過程哲學的影響而產生的。限於篇幅，本書僅就生態學和懷德海的過程哲學對其產生的影響作一簡單介紹。

首先，生態學是後現代有機論在自然科學上的重要思想來源。對於這二者之間的關係，當代美國基督教哲學家小約翰•B•科布 (John B. Cobb, JR) 在一篇文章中曾經指出：「生態運動是一種正在形成的後現代世界觀的主要載體」，由此可見一斑。

所謂生態學是一門關於有機體與其生存環境之間關係的科學。在詞源上，生態學就是由兩個希臘字構成的，oicos——是房子和住所的意思；logos——是科學、研究的意思。也就是說，生態學是關於生物住所的研究，或者說是關於生物生存環境的研究。

生態學最初只是作爲生物學的一個分支而發展的，後來才作爲一個獨立的學科發展。在歷史上，生態學概念最初是由德國科學家E•海克爾於1866年提出的。他說：「我們可以把生態學理解爲關於有機體與周圍外部世界的關係的一般科學，外部世界是廣義的生存條件」。

1935年，英國生態學家坦斯勒提出「生態系統」（ecological system）概念，將有機體與環境視爲一個自然的整體，並引入熱力學的能量循環思想對生態系統進行研究。後來，美國學者林德曼又研究了生態系統的營養動態過程，提出了生態金字塔能量轉換的「十分之一」定律，才使得生態學的發展進入了一個新的歷史階段。

生態學在其發展過程中不僅廣泛吸收了現代科學研究的各種重要概念和研究方法，而且逐步擴展自己的領域，向融合社會人文科學的方向發展。早在本世紀20世代，哈代・巴洛斯和波爾克等人就已提出「人類生態學」（human ecology）的概念，嘗試把生態學的思想方法運用於人類群落的研究。經過霍利、帕克、鄧肯和施諾爾等人的努力，人類生態學發展成了具有自身獨特內容的學科。1962年，卡遜（Cason）的《寂靜的春天》問世，喚起了人們對環境污染問題的關注，70年代初羅馬俱樂部關於《極限的成長》研究報告的發表，則眞正敲響了人類全球生態危機的警鐘。自此，生態學開始與自然資源的利用高度相關，與人口問題的解決密切結合，與人類生存的環境問題相互交叉。生態學還廣泛地向經濟、技術、政治、法律、歷史、倫理及哲學等衆多學科滲透。後現代有機論就是在這種過程中受到生態學影響的。

生態學對後現代的理論影響主要表現在其整體論上。按照現代生態學的研究，生態系統的根本特徵是整體性。這種整體性主要表現在三個方面：即生態系統具有和諧性、有序性與動態性。

首先，生態系統具有和諧性，其表現是生物與環境協調性地相互作用。

在生物與環境的合作關係中，生物的分類分別是生產者、消費者和分解者的植物、動物或微生物。植物經由光合作用生產的有機物供動物和微生物食用，微生物的生命活動分解動植物屍體，使有機物質分解後再爲植物利用。它們之間的密切的相互合作關係構成生命世界的完美平衡系統。

其次，生態系統具有有序性，其表現是生態系統組織層次的等級結構具有有序性。

按照現代生態學的研究，生態系統的組織結構上有著相當的層次性。根據空間尺度的大小，生態系統的組織層次由大到小可分爲五個主要級別：(1)生態圈：地球上最大的生態系統；(2)大生態系統：具有全球規模的生態系統，它們是海洋、大陸和淡水三個生態系統；(3)中生態系統：如陸地生態系統中的一片森林，淡水生態系統中的一條河流或一個湖泊；(4)小生態系統：如一片灌叢，一口池塘等；(5)微生態系統：如一棵樹幹和一塊岩石上的生物群落組成等。而且，其中每一個層次依據不同尺度的生物與環境相互作用，還可以繼續進行分層分析。

在生態系統的無限序列中，對某一個生態系統而言，它是更高一級系統的要素（或子系統），而它的要素又是低一層次的系統。這樣組成等級序列、等級式的有序結構。當生態系統中的每一個層次、每一種因素不再發生相互作用時，它們就不再是系統的一部分了。從熱力學的角度來說，生態系統是一種有序度不斷增加的負熵系統，它具有耗散結構，是不斷地從系統外輸入一定的能量，作爲負熵流抵消系統熵增加趨勢，從而保持或不斷提高系統的有序性。

再次，生態系統有動態性，其表現是生態系統具有時間、空間上的變化特徵。

生態系統前進發展的過程是一個自然歷史過程，它在時間空間上都是運動變化的。生態系統在時間中隨時間進程演化，並分佈在一定的空間內，隨著時間的發展有不同的空間分佈形式，表現了生態系統的時間有序性和空間有序性及其時間空間上的統一性。

按照現代生態學的研究，生態系統進化主要表現爲：

1. 從單極生態系統演化到二級生態系統和三級生態系統；

2. 從原生生態系統演化到次生生態系統；

3. 從自然生態系統演化到人工生態系統。

總之，生態學對後現代有機論的最大影響是其整體論的思想。

其次，懷德海等人的過程哲學是後現代有機論在哲學上的思想淵源。

阿爾弗雷德·諾爾司·懷德海（Alfred North Whitehead, 1861-1947），是現代英國著名的數學家、邏輯學家和哲學家，是過程哲學的創始人。他曾先後擔任過倫敦大學帝國科學技術學院應用數學教授、美國哈佛大學哲學教授，並於1931年當選爲英國科學院院士。他的主要哲學著作有《科學與近代世界》(1925)、《過程與實在》(1929)、《觀念的歷險》(1933)和《思想方式》(1938)等。懷德海的哲學對後現代有機論的最大影響是其過程論和泛心論（panpsychism）的思想。

按照懷德海的看法，我們所生活的現實世界並不是由任何永恒的實體構成的，世界上也不存在任何永恒的實體，「現實世界就是一個過程，這個過程就是現實實有的生成。因而，現實實有也就是被創造物；它們也被稱作『現實事態』」。我們所生活的現實世界不僅在總體上是一個有機整體，從構成要素來說，它也不是由具有惰性特徵的機械物構成的，而是有機物所構成的。

從此角度出發，他把自然界所有的存在（懷德海本人稱之為「顯相」）分為六大類型：

第一種類型是人類的存在：身與心。

第二種類型包括所有的動物生命：昆蟲、脊椎動物和其他種屬。事實上，也就是除人類之外的所有各類動物生命。

第三種類型包括所有的植物生命。

第四種類型由單細胞生命組成。

第五種類型由全部大規模的無機集合所組成。其大小可與動物體相比或更大些。

第六種類型由所有的無限小尺度上的「顯相」構成，它們是被現代物理學的微觀分析所揭示出來的。

懷德海認為，這六種類型之間並沒有實質上不可逾越的鴻溝，這些「顯相」都是持續的實有，都是由有機物構成的，包括原子、分子在內，它們都有一定的結構。過去所謂的「無機物」和「有機物」之間也沒有不可逾越的界限，它們僅是組織化和結構化的程度不同。在懷德海那裏，有機體是一種廣義的存在。按照他們的看法，「只要是有一定規律的有序結構體都是有機體」。

不過，懷德海對人們日常所說的有生命物與無生命物也作了程度上的區分。他把一切精神活動劃分爲向前的和向後的兩種。前者就是記憶，後者就是期望。他認爲，有機物在記憶與期望占支配地位時，就是通常說的「有生命的」；當其記憶與期望退隱時，則是通常所說的「無生命的」。

在心理活動與身體活動之間的關係問題上，懷德海認爲，心理活動本身就是一種身體活動。近代哲學家們把人類的心理活動歸結爲人類的感官知覺活動，是其在認識論上的最大錯誤。因爲任何感官知覺都不能脫離我們自己身體狀況的作用和參與，所有的感官知覺都只是我們的身體作用的結果。即使是情緒、評價、意圖、反對等主觀心理活動，也都是身體內部按一定的方式所產生的某種作用的效果。

受上述兩種理論的影響，後現代有機論在其理論建構與發展過程中始終堅持以下三個原則：

第一，世界是由關係網絡組成的有機整體。

後現代有機論認爲，「現實中的一切單位都是內在地聯繫著的，所有單位都是由關係構成的」。由事物間動態的、非線性的、永無止境的相互作用組成的複雜關係網絡，使世界呈現爲一個不可分割的有機整體。在這個整體中，作爲關係者的事物和事物間的關係都是眞實存在著的，但關係整體邏輯地先於關係物。因爲系統的整體特性不能由其組成部分的特性來決定，而關係物的性質倒是由它與整體的複雜關係決定的，系統關係網絡上各個組成部分之間的相互關係比各組成部分更爲根本。這個關係網絡整體是處於其中的組成分子存在的環境。

第二，世界是動態有序的整體。

後現代有機論認爲，世界是一個不可最終徹底分割的流變整體，這個整體具有永恒變動的特性。世界整體在流變過程中表現出來的宏觀有序，是第二位的東西，它本身是由世界永恒流變的過程造成的。「簡言之，與強調『堅固的』系統組元及其組成的結構相比，這種理解以過程導向爲特徵。這兩種觀點的結果是不對稱的：諸如機器那樣的一定的空間結構將在很大程度上決定了它所要採取的過程，而過程的相互作用則可以導致開放的結構進化」。宇宙就是一個自組織進化著的整體，它在進化過程中不斷地創造著衆多的事物、事物間的關係、事物的不同層次結構和整體上的有序狀態。按照這種看法，正是由於宇宙演變過程的創造性，自然界才出現了從無機界到有機界再到人類社會的層創進化和自我超越，使得宇宙自身也越益顯得生機勃勃。

第三，人類更大的意義和價値包含於自然整體的自組織進化過程之中。

後現代有機論認爲，人類生命的價値與意

義不僅存在於社會之中，在更加廣闊的範圍內，也存在於與自然總體進化過程的關聯之中。人是自然進化的產物之一，人的肉體組織和精神構造都是在與自然界相互作用的過程中形成的。人類的健康生存和持續發展有賴於對自然有機整體的維護，有賴於與自然保持一種和諧相處的協調關係。在工業文明時代，人類由於受人類中心主義的誤導，否定自然界存在著自身的價值，機械地分割自己與自然整體血肉相依的有機聯繫，把自然當成征服和統治的對象，結果在毀滅自然價值的同時，也使自己的生存受到了極大的危害。

㈡後現代有機論的基本內容

受現代生態學和懷德海等人的過程哲學的影響，後現代有機論者針對上述現代機械本體論的缺陷，在理論上進行了一系列根本性的重構。

首先，在實體論上，它反對實存本體論，提出了所謂事件本體論。

按照現代科學的典範理論，構成世界的基本存在應當是某種永恒存在的東西，或是唯物主義（或物理主義）所說的物質實體，或是唯心主義所說的精神實體，或是二元論的合取。

後現代有機論認爲，世界不是由任何永恒的實體構成的，而是由事件或事件集構成的。世界上根本就不存在永恒的實體，只存在永恒的、而且是自主的活動或事件。「實在是完完全全群集的，不存在只保持其本來面目的永恒的實在、存在的事件和事件的群集」。無論是所謂永恒的物質實體（如分子），還是所謂永恒的精神實體，都是由一系列的瞬間活動構成的。現代科學本體論所推崇的被動性的機械存在物，只不過是呈現在人們感官面前的一種表象、一種假象，其內部仍然是一個充滿著相互的內在聯繫的活動的世界。

不僅如此，即使是控制、影響事物運動、變化的法則也處於進化過程中。按照後現代有機論者提出的「構成因」理論，「分子、晶體、細胞、組織、器官和有機物所具有的特有的形式是由被稱之爲形態發生場（morphogenetic field，希臘語中，morphe意爲形態，genesis意爲正在發生）的特殊場所形成和保持的。這些場的結構是由與過去類似系統有著密切關係的形態發生場衍生而來的；過去系統的形態發生場透過一種叫做形態共振的過程變爲後來出現的類似的系統」。換句話說，世界上任何形式的組織系統的形成與發展，並不完全是由其構成要素如分子、細胞或DNA之類決定的，同一物種過去的組織系統或有機體也能藉由形態發生場而發生一定的影響與作用。由於形態發生場是藉由積澱對未來的組織系統發生影響的，具有一定的或然性，因此，控制、影響事物形成、運動與變化的法則，事實上是一種運動習性，可以有某種變化。

其次，在實體與其性質的關係問題上，他們否認傳統的要素決定論，提出了生態學性質的環境決定論，認爲實體的性質在根本上不是由其構成要素的性質決定的，而是由其生態環境決定的。

按照傳統的要素決定論，整個世界是由各種獨立的實體構成的，這實體不依賴他物而存在，不論其所處的關係如何，其性質基本上保持不變。具有複合結構的物質的性質，則是由其各構成要素的性質的總和決定的，不受其內在結構或外在環境的變化的影響。

後現代有機論認爲，這種看法是不成立的。事實上，原子的排列在決定物質的性質方面具有非常重要的意義。按照生態學的研究，原子或任何形式、任何層次的基本粒子都不是獨立的物質實體，其存在與性質都是由它們與其環境之間的關係決定的，當原子被排列成不同的分子結構時，它們就有了不同的性質，原因很簡單，不同的分子結構構成了不同的環境。

再次，在精神、經驗的起源問題上，它反對現代科學的二分法，提出了一種泛經驗論的解釋。

按照現代科學的看法，世界上的物質，在原則上可以劃分爲兩大類，即經驗（指生物有機體的主觀經驗）存在物與非經驗存在物兩大類。由於其中的經驗指的是明確、清晰的感官印象，因此，任何經驗都只能是感官的經驗。

後現代有機論認爲，這種看法是不對的，它犯了「範疇錯誤」（category error）。因爲所謂經驗或精神，並不是人或生命體的外在特徵，而是其內在特徵。反過來說，物體的非經驗特徵，是無生物的外在特徵，而非其內在特徵。因此，傳統的二分法是不恰當的。從邏輯上說，如果我們要對任何事物進行類別的劃分，就必須用統一的標準去劃分，否則，就會犯類似的邏輯錯誤。此外，「感覺器官爲感覺增添了準確性和可信性，但它絕不是感知的最原始形成的依據」。心理學研究也表明，意識源於潛意識的經驗。這就充分表明任何形式的感官印象都是產生於低層次的，人們意識不到的感知活動的。所以，感官印象並不是感官所獨有的現象，即使是沒有感官的物體也是有經驗的，只不過人們沒有意識到而已。換句話說，世界上的所有物體，不論是生命體，還是非生命體，都是有感覺的，並非唯獨具有感官的動物或生命體才有感覺。

最後，在此基礎上，它提出了帶有泛機體論性質的心靈理論。

後現代有機論者認爲，在這個世界上，「所有的原初的個體都是有機體，都具有哪怕是些許的目的因」。不過，與過去受到批判的泛心論和泛靈論不同的是：

1. 它並不認爲一切可視的物體，如石頭和行星都是原初的個體，甚至類似於原初個體。相反地，它在聚集體和眞正的個體之間做一明顯的區分。按照它的看法，原初的有機體可以被組織成爲兩種形式：第一種是複合的個體，也就是上述眞正的個體，它產生一個無所不包的主體，如動物就屬於這一類；第二種是非個體化的客體，也就是上述所謂的聚集體，它不存在統一的主體性，如棍棒、岩石和星辰就屬於這一類。

2. 它承認不同等級的經驗之間存在巨大的差異。當它說分子具有經驗時，並不意味著分子具有類似於我們人類所擁有的自覺經驗（在這種經驗中，我們可以意識到我們是有意識的），甚至不能具有一隻老鼠所能感受到的有意識的經驗，而是說「它有對周圍環境有某種含混不清的感覺反應」。

3.有機體的感覺經驗具有多種形式，感官經驗只是其中的高級形式，而非唯一的形式。

按照它的看法，世界上的萬事萬物是由不同等級的存在構成的，在每一個不同的等級層次上，客觀實在不僅是由一系列瞬間的物質活動構成的，而且也是由一系列瞬間的經驗活動構成的。這些客觀實在雖然不一定都具有與人或動物相似的感官，但它也能進行經驗活動或感知活動，只不過其層次低級一些，也不為其主體所覺察。這些不同層次、不同等級的經驗活動的功能主要有兩個方面：一方面是對其主體所處環境進行感知，亦即對其主體周圍的其他客觀實在的活動進行感知；另一方面是對構成其存在的基礎層次的客觀實在的活動進行感知，以便影響作為這一層主體的客觀實在的活動。從因果關係上說，這些不同層次的經驗活動，一方面是作爲在這之前的相應的不同層次的主體的經驗活動的結果出現的，另一方面是因爲任何不同層次的物質構成本身就具有能夠感知的功能，感官的出現並不是主體能夠進行感知活動的先決條件，它只是高層次的主體進行複雜的感知活動的先決條件。

在哲學界長期爭論不休的「心身問題」上，後現代有機論認爲：人體，包括其大腦的每一個細胞，實際上是由一系列迅速發生的事件構成的，每個事件都首先是一個自爲的感覺中心，其次才是一個客觀的自爲感覺的源泉。人的心靈活動或精神活動，也是由一系列迅速發生的事件即其經驗活動構成的，它與構成人體的細胞的經驗活動只具有程度上的不同，沒有實質上的差別。在每一次的經驗活動或感知活動之後，作爲主體的我就變成了適合於繼而產生的細胞的經驗活動的客體或超體。這些細胞的經驗活動感覺到了作爲主體的我的客觀化的感覺，在它們較低級本質允許的範圍內，盡可能地從我的複雜感覺中接收感受。

總之，心與分子生命中的每一瞬間都是一個基本的群集活動，每一事件產生於過去所發生的一切事件，並對未來所有事件都產生影響，不僅人類的心靈會受到其身體內一切活動的影響，同時，他們的身體內的一切活動也會受到其心靈活動的影響。

㈢後現代有機論的適用邊界問題

後現代有機論作爲一種新型的科學本體論，和任何一種新提出的理論一樣，都是有其自身缺陷的。從其理論實質來說，如前所述，它是針對現代機械本體論的各種理論缺陷所提出的，如果說現代機械本體論的理論缺陷是泛機械論、泛原子論等問題，那麼，後現代有機論的錯誤則是泛生態學、泛經驗論等問題。

首先，就它的泛生態學特徵來說，按照它的理論預設，整個世界及其構成成分都是由作爲生態系統的有機體構成的。可是如此一來，與其相對應的非生態系統豈不是無立錐之地，生態系統與非生態系統、生命系統與非生命系統豈不是從根本上就無法區別開來，這顯然與現代科學的研究結果是不相容的。

其次，就它的泛經驗論特徵來說，該理論也具有如下的問題：

1. 棍棒、岩石和星辰之類的組成部分——個體是有機體，是有經驗的，而其整體却是無經驗的，這在經驗上和邏輯上都令人難以置信的。

2. 它否認感官感覺不可能是感知的最原始狀態，也缺乏充分的科學理論根據。

3. 它具有擬人化的缺陷。後現代有機論者認爲，「我們說所有單個活動在其環境中領悟事物，就是說，它們受到來自環境的影響，並對環境產生某種有情感——有欲望的反應」。這顯然是一種擬人化的理論。如果說傳統科學理論所犯的是把複雜事物簡單化的錯誤，那麼，後現代有機論所犯的錯誤正好相反，是犯了把簡單的事物複雜化的錯誤。

再次，後現代有機論者否認世界上存在永

恒的實體，只承認存在永恒的運動，把世界（包括人類的經驗世界）、把人們的心與身都統一於永恒的運動之流，其合理性也是令人可疑的。因爲永恒的活動（無論是何種物質運動或何種是精神活動）也是不能脫離任何物質載體而存在的，它必須需要某種物質載體爲依託。舊唯物主義者把世界統一於某種具體的存在物固然不妥，但由此而否認世界統一於抽象的存在物也是不妥的。從這樣一個角度說，後現代有機論把世界統一於永恒的活動，起碼也是不完善的；退一步說，即使該理論成立，它也沒有能夠進一步地從理論上闡明這永恒的運動之流分化出經驗組織與非經驗組織的機制，因此，作爲一種科學典範，它還有待進一步完善。

最後，從思維方式上說，和激進的後現代主義思潮一樣，它具有反基礎主義的缺陷。反基礎主義是相對於西方現代文化體系所具有的基礎主義特徵而言的，是爲了避免後者的一元決定論即其基礎決定論的缺陷而產生的。從理論上說，避免其缺陷的方式有兩種：一種是走反基礎決定論的道路，主張整體決定論；另一種是超基礎決定論或多元決定論，即不主張基礎決定論，也不主張整體決定論，而是主張多元決定論，在多元決定論的理論基礎上把前兩者融爲一體，事物的形成與發展原本就是由其構成要素，由其生態學上的整體共同決定的，而非由其中的任何一個所決定。顯然，主張超基礎決定論比主張反基礎決定論、或多元決定論要更合理一些。不幸的是，和激進的後現代主義思潮一樣，它也走上了反基礎主義的道路。不同之處只在於它從反基礎主義角度進行批判的同時，也從反基礎主義的角度進行了建設。

由此可見，後現代有機論與經典的機械論實踐上是兩種互補的科學本體論理論，如果說有機現象是機械論的適用邊界，那麼，無機現象或機械現象就是有機論的適用邊界。後現代有機論者要想確立一種合理的科學本體論，其出路不在於與經典的科學本體論唱對台戲，從一個極端跳到另一個極端，而在於準確地確立後者的適用範圍，並把後者包容進來；不在於走反機械論或反基礎主義的道路，而在於走超機械論或非基礎主義的道路。

第三章
後現代科學認識論

後現代思想家們在本體論上的整體有機體論立場，導致了它們對具基礎主義特徵的傳統認識論的批判，由此提出了具有反基礎主義和反本質主義的認識論。後現代思想家們之所以會對現代科學、現代主義的文化提出種種非常激烈的批判，其根源就在於他們的這種反基礎主義和反本質主義的認識論態度與傾向，因此值得認眞研究。

一、基礎主義認識論批判

所謂基礎主義（foundationism），又稱原子主義（atomism）。它的基本思想是：「世界和思想都可以還原爲最終的成分」。西方自近代以來的科學及整個文化體系都具有基礎主義的特徵，其在方法論的表現是具有還原論特徵的分析方法。

西方現代科學在認識論上的基礎主義，是以其本體論上的本質主義（essentialism）爲立論前提的。以柏拉圖（Plato）等爲代表的本質主義者認爲，世界上的每一事物都有不變的普遍本質，人在本性上也先天地具有認識事物內在本質的能力。人類對事物本質認識的結果就被稱作「知識」，否則就是不可靠的「意見」。本質主義在語義學上的表現就是著名的語義指稱論，按照該理論，語詞爲客體命名，語句是語詞的結合。對此，當代英國哲學大師維根斯坦（Ludwig Wittgenstein）曾一針見血地指出：「在這幅關於語言的圖畫中，我們發現了以下想法的根源：每個語詞都有一個意義。這意義同該語相關聯。它就是該語詞所代表的客體」。

在本質主義的基礎上，以古代的柏拉圖、亞里士多德（Aristottle）和近代的康德（Immanuel Kant）爲代表的西方思想家們認爲，人類文化中總有一部分是整個文化的基礎，這個特別的部分與文化的其它部分相比，要麼指向某個特許的對象，諸如實在、眞理、絕對的善、高高在上的上帝，要麼具有某種特別的能力。自啓蒙運動以來，由於自然科學、尤其是物理科學的巨大成功，於是，西方文化便具有了科學中心主義特徵，自然科學被看作「合理性」與「客觀性」的典範。人們認定，「科學」、「合理性」、「客觀性」和「眞理」這樣一些概念具有同等級別的含義。科學提供著硬的客觀眞理，即作爲與實在相符合的眞理。哲學家、神學家、歷史學家和文學批評學家等人文科學家必須關心他們是不是科學的，是否有資格把他們的結論看作是眞的。用羅逖的話說，在西方現代文化中，科學家代替了在啓蒙運動之前和之後分別由牧師和哲學家占據的位置，被看作是使人類與某種朝人類的東西保持聯繫的人。科學成爲整個文化體系的基礎，其他文化部門或領域必須在與科學的比較中求得其相應的地位。

總之，西方科學的基礎主義認識論是以本體論上的本質主義和方法論上的科學中心主義爲立論基礎的。

對於西方科學文化的本質主義特徵，後現代思想家們運用維根斯坦的「家族類似」理論，從理論上否認了本質主義的合理性。按照後期維根斯坦的看法，任何語詞和語言的意義之間不存在任何普遍、共同的特性，它們之間只存在某種程度的相似性，如同任何家族成員在膚色、身高、臉型、行爲方式的相似性一樣。如果說維根斯坦只把他的家族類似理論運用於說明各種語言意義之間的關係，那麼後現代主義者則把這種家族類似理論類推到整個非語言的物質存在之間的關係了。

後現代思想家們認為，不僅語言體系缺乏固定的本質，包括人類自身在內的整個客觀世界也缺乏固定的本質，其構成要素與發展的各個階段之間也只具有家族的類似性，否則說人不斷地超越自我就不妥了，超越自我就得意味著超越自我的本質，而超越自我的本質就不再是自我了。這種觀點實質上否認了人的可塑性和後天性，只看到人的先天性和穩定性的一面。在這一問題上，存在主義哲學家沙特（Jean-Paul Sartre）曾提出了「存在先於本質」的著名命題，認為人與一般物質及動物的區別在於，人的本質不是一成不變的，它是由人們後天的選擇行為決定和形成的，否認人有預存的本質。後現代主義哲學家羅逖認為沙特的看法還不徹底，他認為，不僅人沒有預存的本質，物也沒有預存的本質。既然人和物、精神和自然都沒有固定的本質，那麼，哲學家們尋找人類知識的絕對可靠的基礎的做法就毫無意義了，也是不可能達到目的的。

對於科學中心主義，以費耶阿本德、李歐塔等爲代表的後現代思想家們，從否認後設方法、後設敍述可能性的角度進行了批判。

自近代以來，思想家們一直把科學作爲人類各種知識的楷模，把科學與客觀性等同起來。費耶阿本德在哲學上首先從科學方法多元性的角度否認了後設研究的可能性。他認爲，「在當今世界上，科學並不是唯一正確的，科學是人們已經發展起來的衆多思想形態的一種，但並不一定是最好的」，「認爲科學能夠並且應當按照固定的普遍的法則進行的思想，既不切合實際，也是有害的」。他用大量的時間與精力揭示了目前科學家所推崇的任何一種科學研究方法的局限性以及他們試圖所迴避的科學研究方法的合理性，在科學方法上主張「怎麼都行」，提倡無政府主義的認識論。

當代法國哲學家李歐塔主要是從否認科學知識合法性、否認後設敍述可能性的角度批判了科學中心主義的。

李歐塔認爲，在歷史上，科學是隨著人性從奴役和壓迫中得到解放而發展的。科學之所以得到迅速發展，是由於政治敍事和哲學敍事的幫助，後者是科學發展的外部動力。科學的解放功能最初依賴於法國革命前的啓蒙運動。由於科學的實證性質，對思想、社會生活、政治生活產生直接推進作用，所以，關於人性解放的革命的敍事，反過來推動了科學的普及化與發展。在啓蒙運動中，政治與哲學的敍事是一種「後設敍事」(meta-narrative)，是「大敍事」(grand narrative)。所以，其它敍事都只能是從屬的，任何局部的、具體的乃至科學的敍事都只是構成這一最高敍事的一個方面，其意義都只取決於這種後設敍事。這樣，形成了一個悖論：科學一方面要制止與消除原始敍事的合法性，諸如宗教、神話、巫術等；另一方面又必須依靠更高層次的敍事的評價，從而獲得其合法性。

可是，在當代後工業社會、後現代文化中，知識的合法性問題是以不同的術語來闡述的，最高的敍事已經失去了它的可信性。原因有三：

第一，兩次世界大戰之後，資本主義社會內部的不斷完善和自我調整使資本主義的發展呈現生機，而共產主義則出現了艱難經營的局面。

第二，工藝與技術的發展在重心上實現從目的向手段的轉移，原先發展科學的目的是使人擺脫奴役、解放人性，而今則僅僅把它視爲手段。因此，後現代社會導致了「人們對後設敍事的不信任」。

第三，當代科學突破了經典力學與相對論的範疇，在許多方面與原有的常識相違背，這也是對後設敍述不信任的主要原因。在當代量子力學中，存在著非連續性現象、非充分決定論、非局部性聯繫現象。所有這些現象都是經典力學和愛因斯坦相對論所無法解釋的。在這兩者之間，不可能達成統一的認識，不可能出現統一的規律。因此，對當代科學的理解已經不能借助傳統的哲學世界觀，而只能「把我們的感受性限於語言遊戲規則的異質性，並增強我們容忍不可通約的標準的能力」。這裡的原則是不合邏輯的想像，而非專家們統一的聯繫。因爲「實在並不是被給予的」。

如果說上述對本質主義和科學中心主義的批判，只是對基礎主義的間接批判，那麼以羅逖、高達瑪、德希達爲代表的後現代主義思想家們分別從無鏡認識論、詮釋學和解構論角度進行的批判，則是直接的批判。

羅逖在其代表作《哲學與自然之鏡》中對自柏拉圖以來的傳統哲學展開了猛烈批判。他認爲，傳統哲學自柏拉圖、尤其是自笛卡爾以來，都建立在一個隱喻「心靈是自然之鏡」基礎之上，以爲心靈是一面鏡子，可以精確地反映外在世界，哲學家的工作就是磨拭和檢查這面鏡子，從而使認識能準確地反映實在。換句話說，哲學就是爲各門具體科學探尋絕對可靠的知識基礎，由此導致歷史上許多哲學家走上了追求所謂絕對眞理的道路。笛卡爾的「我思故我在」命題、康德的先驗範疇（A priori category)，羅素的邏輯、胡塞爾（Edmund Husserl）的純意識（pure consciousness）等，這些都是哲學家們力圖找到一種不具歷史性的或超歷史性的東西，以作爲各種認識絕對可靠的基礎。眞理與謬誤、主觀與客觀、物質與意識的嚴格區別，也是起源於這個隱喻。

實際上，人類認識並不存在共同的基礎，心靈也不是自然之鏡，西方哲學追求知識的絕對基礎的取向也是建立在一個幻影之上，它所謂的任務是不可能實現的，也是沒有意義的，因爲事實上，只要你停留在表相的思想方式上，你就仍然受著懷疑主義的威脅，因爲一個人無法回答是否知道我們的表象符合不符合實在這一問題，除非他訴諸於康德或黑格爾（Georg Wilhelm Friedrich Hegel）的唯心主義的解決辦法。按照羅逖的看法，基礎主義的認識論應當退出歷史的舞台，任何企圖構造體系的哲學均屬非份之想，哲學應該是一種詮釋學，它不以建立體系爲己任，而是以促進各種學說的對話爲己任。這樣，我們在相互衝突的理論中所作的就不是非此即彼的選擇，而是實現諸種理論的融合，從而使作爲對話者的哲學家們既超越自身，又超越對方，達到一種全新的境界，也就是使對話者得到開化，這就是哲學的功能。

與羅逖的批判相關的是，高達瑪是從詮釋學角度批判基礎主義認識論的。羅逖在批判基礎主義認識論時，也在一定程度上借用了高達瑪的理論。

高達瑪認爲，人們對自然、社會、歷史等文本的理解活動，不可能完全擺脫解釋者本身的偏見與影響，因爲不僅一個文本的作者在創造其作品時，要受到他所處的特定的社會、歷史和心理狀況的限制，而且文本的解釋者在解釋文本時也不能不帶有他所處的特定的社會、歷史和心理狀況的烙印，這兩種狀況顯然不可能相同。因此，眞正的歷史思考必須考慮「在對象中看到自己也是其組成部分，從而旣理解對象又理解自身」，這樣，眞正的歷史對象就是「兩者的統一，是一種聯繫，在這裡旣有歷史的現實性也有理解的現實性」，解釋者本人的偏見不但是不可克服的，而且是理解對象的必不可少的條件。因此，對於同一個東西，人們透過不同的角度觀察，就會具有不同的意義。解釋活動不是一方對另一方的符合活動，而是兩個視界之間的對話活動，是原先以爲相互衝突的兩個視界之間的衝突活動，因而是一個新的、更廣泛的視界的形成活動。這種結果當然不是對所謂的文本的本來意義的把握，而是使理解者擺脫了原有視界的束縛，進入了一個新的廣闊天地，形成了一個新的更加開化的存在物，從而使他越來越開化。

對於高達瑪的上述看法，羅逖極爲讚賞。他認爲，這樣就從根本上拋棄了長期支配著西方哲學的鏡子幻想。按照高達瑪的上述看法，我們可以得出這樣的結論，即「不存在理論中立的事實集合，不存在絕對的淸楚明白，不存在直接的給定，不存在永恒的理性結構」。在此基礎上，羅逖公開宣稱，不存在人類知識的共同基礎，心靈不是自然之境。

與前二者不同的是，德希達是從語言哲學角度進行批判的，是透過強調語義的內在性、不確定性和多元性達到否定基礎主義認識論的。

德希達認為，根據索緒爾的語言學理論，語言符號的意義只能藉由它與別的符號的區別來確定，那麼，在語言符號的能指及其關係之外就不存在所指，或者說語言符號的能指與所指在語言系統內部是不可分的。事實上，為了確定一個能指的意義（所指），我們只能舉出與這一能指有關的其他能指，而它們的所指又牽涉到更多的所指，這一過程是無限的，我們絕不可能達到一個本身不再是能指的終極所指，語言是一種對立和區別的形式遊戲，意義就是這無始無終的符號遊戲的產物。

總而言之，德希達從語言學角度，否認了基礎主義認識論所依賴的符合真理論。

二、反基礎主義的認識論

在上一節，我們已闡述了後現代思想家們對傳統認識論的批判。現在，我們就來正面闡述其認識論。如果說基礎主義是傳統認識論的根本特徵這一點可以成立的話，那麼，後現代認識論的根本特徵就是反基礎主義，其具體表現就是它具有多元論、反科學中心主義、後實在論和反還原論的特徵。

首先，後現代認識論具有多元論特徵。

如前所述，後現代主義的多元論是建立在上述的不信任後設敍事和後設科學方法基礎上的，是建立在眞理概念的人類學化傾向上的。後現代思想家李歐塔指出：「後現代主義者不信任後設敍事，對黑格爾、馬克思（Karl Marx）以及任何形式的普遍哲學，存在著深深的懷疑」。按照他的看法，藝術、道德與科學（美、善與眞）已經相互分離而自主了，我們時代的特徵就是語言遊戲的分裂，不存在所謂的後設語言，沒有人能掌握這個社會將要發生的東西，也沒有一個占居支配地位的地位體系，市場化了的社會比之計畫化的社會更好。

後現代主義的多元論在羅逖那裡則表現爲一種種族中心主義特徵的理論。按照他的種族中心主義理論，既然不存在任何獨立於我們的普遍適用的標準，不存在一個可以評判一切的法官，我們就必須從我們自己出發，從我們自己的種族出發，而不是從某個不可比較的絕對命令和範疇體系出發。「要成爲種族中心的，也就是把人類劃分成一個必須證明自己的信念對之是合理的人群與其他人群；而構成第一個人群的人們，即他自己種族的人，可與他分享足夠多的信念，從而使有效的談話成爲可能」。我們自己現有的信念乃是我們用來決定怎樣使用「眞」這個不同的信念。這種信念之所以被稱爲「眞信念」，不是因爲它與實在相一致，而是它在我們的種族裡是一種行之有效的信念，當我們的活動範圍擴大時，被稱之爲「眞信念」

的適用範圍也要隨之擴大，如果不能做到如此，就應當被一個適用於這條標準的信念取代。

其次，後現代認識論具有反科學中心主義的特徵。其表現是否認科學在人類文化體系中的基礎地位或典範地位。

自18世紀以來，尤其是進入20世紀以後，科學取得了巨大的成就，在許多人看來，科學成爲整個文化的基礎是不容置疑的事情，當哲學在文化中的基礎地位被否棄了之後，科學似乎理所當然地成爲替補它的最好備選者。可是，後現代思想家認爲，科學並不具有特別的認識論地位，科學在理論和實踐中雖然已取得了巨大的成功，但這並不表明科學比別的學科更加「合理」、更加「客觀」或更加「深刻」，因爲科學和其它的學科一樣，它也是在用隱喻的方式表達它的看法，用當代美國哲學家戴維森（H. Davidson）的話說，「隱喻是在編織我們的信念和欲望的過程中的基本工具；沒有這個工具就不會有科學革命或文化的突進，而只有改變語句眞値的過程，這些語句是在永遠不變的詞彙中表述的」。

後現代思想家們認爲，在科學中與在道德、政治和藝術中一樣，我們有時會覺得不能不說出一個初被看起來是假的，却似乎是有闡明力的和有成效的語句。這類語句在其剛被使用時「僅只是隱喻」。但有些隱喻是「成功的」，其意義在於，我們發現它們如此不可抗拒，以至於企圖使它們成爲信念，成爲「確實眞理的備選者」。一言以蔽之，科學並不是把人類心靈與非人類的實在相溝通的牧師，科學的客觀性也並不在於它與有關對象的符合，而在於它的主體間性，科學的成功也不表明它更加符合有關對象，而在於表明它比其它學科更成功地把自己的信念編織進我們人類的其它生活信念，被我們所接受。

再次，後現代認識論具有後實在論特徵。

後現代思想家們在眞理問題上不僅否認眞理符合論，甚至不願意以眞理問題爲中心來考慮人類認識問題。在科學理論的眞理性問題上，他們既反對形而上學實在論者的符合眞理論解釋，也反對內在實在論者和反實在論者的非眞理符合論的解釋，而是作了後實在論的或反眞理符合論的解釋。

按照他們的看法，實在論與反實在論在這一問題上的爭論是沒有意義的，因爲所謂眞理其實是「認識上最好相信的東西」，並不表示信念與實在之間具有絕對的對應性。「眞理」概念在我們的日常生活中是一個具有種族中心主義性質的概念，是由我們種族現有的信念決定的，是由種族或團體信念一致性決定的，並不具有超歷史的、永恒的性質。無論是信念決定的，或是由種族或團體信念一致性決定的，均不具有超歷史的、永恒的性質。無論是實在論，還是反實在論，都是企圖建立一種絕對的科學眞理論，都是建立在傳統的鏡喻認識論基礎上的，以爲心靈是自然之鏡，以爲人類可以認識事物的本質，這是一種典型的表相主義思維。可是，人們只是持有這種立場，他們在任何時候都無法回答我們的表相是否符合實在的問題，永遠都受到懷疑主義的困繞，因此，這種爭論是沒有意義的。

最後，後現代認識論具有反還原論特徵。其表現有二，一是否認各門具體科學最終可以藉由語言學的方式還原爲物理學，二是否認人類的心理活動可以還原爲其身體的物質運動。

在身心問題上，許多後現代思想家儘管仍然自稱是物理主義者，但是他們已經不再以物理學理論爲中心透過語言還原的方式，把各門具體科學還原爲物理學，已經不再企圖把人類的心理活動還原爲其身體的物質運動。他們認爲，堅持物理主義，就是堅持用微觀實在來說明宏觀現象，並不意味著要把所有的宏觀現象都還原爲微觀現象。放棄語言還原的物理主義，並不意味著就從根本上背棄了本體論的物理主義立場，因爲「在一種語言中，不能把其詞句藉著同義語規則或對等規則與另一種語言中的詞句聯結起來的事實，並不涉及『不可還原性』的問題。譬如說，從心靈到大腦的不可還原性或從語言行爲到運動的不可還原性。所以，它與物理主義的眞確性無關」。

以羅逖爲代表的後現代科學哲學的人們之所以堅持傳統的物理主義立場，是因爲他們否認實體意義上的意識、自我的存在，否認心靈實體的客觀存在。他們認爲，所謂意識、自我之類的實體並不存在，在大多數情況下，被別人看作是「他自己」的東西正是他的信念和欲望，而不是器官、細胞和構成其身體的粒子等，對於這些欲望和信念，我們也可以用生理狀態來描述。這兩種描述針對不同的情況都可以成立，「實際上，旣無自我的中心，也無大腦的中心。正如神經突觸彼此不斷相互作用、不斷編組不同的電荷結構一樣，我們的信念和欲望也存在於連續的相互作用中，在句子中反覆分配其眞値。正如大腦並非某種『具有』這些突觸的東西，而只是這些突觸的聚集物一樣，自我也不是某種『具有』信念和欲望的東西，它不過是這些信念和欲望的網絡」。

第四章
後現代後設科學論

科學的性質、功能及其價値問題，是後設科學研究的問題，不同時代的人總是根據自己時代的科學實踐活動、科技發展水準及其社會效應來解釋。我們今天通常對這些問題的解釋，都是根據近現代以來科技發展狀態決定的。可是，如前所述，自本世紀五、六十年代以來，科學技術已經獲得了長足的發展，它在社會生產力發展過程中的作用已由過去的附屬地位上升到核心地位，成爲社會發展的最強大動力，其社會效應要比以前大大增強，科學研究模式與此同時也發生一系列的變化，在此情形下，後現代主義思想家們對這些問題作出了新的解釋。

一、傳統後設科學論之批判

後現代思想家們對自近代以來的傳統科學觀念的批判，主要集中在科學的性質、方法及其功能上。與以往批判不同的是，這種批判具有典型的非理性主義、相對主義、多元主義和生態學中心主義色彩。後現代思想家們的批判主要集中在以下幾個方面：第一，反對科學理論的實在論解釋，否認科學的發展是一個逼近客觀眞理的過程，否認客觀眞理的存在，主張工具主義的眞理論；第二，反對科學沙文主義，否認科學是一種理性的事業，否認科學與宗教迷信的差別，主張無政府主義的認識論；第三，反對科學成爲一切文化的中心，否認科學是人類文化體系的基礎；第四，反對科學功利主義和客觀主義的解釋，否認科學的價值中立性和工具性。下面，我們就分別談談他們的看法。

第一種批判的代表人物是歷史主義學派的創始人托馬斯·孔恩（Thomas Samual Kuhn）。孔恩的反實在論思想是在他的科學典範理論中提出的。

所謂典範（paradigm），在孔恩那裡主要是指科學家集團的共同信念、共同傳統、共同理論框架以及理論模式、基本方法等。在孔恩看來，典範不是對客觀世界的認識，更不是對客觀世界的規律性的反映，它不過是在不同社會歷史條件所形成的科學共同體心理上的信念。典範的更替不是認識的深化，而是心理上的信念的變化，或是格式塔的轉換。科學家眼中的世界不是外在的客觀世界，而是他們的研究工作所約定的世界，「典範改變了，科學家們所約定的世界也跟著改變了」。

既然科學典範不是關於客觀世界的知識，而僅是不同科學家集團在一定的心理條件下所產生的不同信念，那麼，它們就沒有什麼眞假之分，就沒有什麼眞理性可言。在孔恩看來，科學雖然確實具有某種眞理性，但這種眞理性不是在與對象相符合的意義上使用的，而是在與對象相匹配的意義上使用的，就像鑰匙與其能開的鎖的匹配關係一樣。受實用主義的工具眞理論的影響，他把眞理比喻爲科學家集團所共同使用的工具，一種用以解除科學研究中的各種難題的工具。工具只有好壞之分，而無眞假之別。任何工具，只要用來得心應手，能順利解決問題，那就是好的，或比較好的；否則就是不好的，或壞的。人們可以在工作中根據需要隨意更換工具，而不必以什麼「眞理性」或「虛假性」來「無謂地」約束自己。科學的典範就是一種這樣的工具。

從上述工具主義的眞理觀出發，孔恩反對波普 (K. Popper) 關於眞理是與客觀事實相符合、以及知識的發展不斷逼近客觀眞理的「實在論」的眞理論。在他看來，承認客觀眞理是幼稚可笑的，肯定科學發展不斷逼近眞理的見解是十分荒唐的。他認爲，科學家並沒有發現自然的眞理，也沒有愈來愈接近眞理，任何愈來愈接近眞理的觀點都是毫無根據的，必須放棄。他嘲笑波普道：「他（指波普——筆者注）一直在尋找絕對可靠的理論評價程序。……我只怕他是在追逐一種從常態科學與非常態科學的混合中冒出來的鬼火」。

孔恩從否定客觀眞理出發，進而否定科學理論的客觀進步性。在他看來，新、舊科學典範之間是不可比的，其中並沒有任何客觀的眞理性內容。科學典範的更替僅僅是科學家集團信念的轉換，就像宗教的改變一樣，其間沒有任何繼承性和連續性，因此，科學的發展只能是一種隨機的演化，而沒有任何客觀進步性可言。他認爲，「作爲一種解難題的工具，牛頓的力學無疑改進了亞里士多德的力學，愛因斯坦的理論無疑又改進了牛頓的理論。但是，我始終看不出它們的前後相繼中具有什麼本體論意義上的發展」，如果要承認科學的進步，也只能在工具主義的意義上承認，不能在實在論的意義上承認。他說，我們「可以把科學的發展比喻爲進化之樹，就像生物的進化一樣。這是一個單向的、不可逆的過程。因爲後期的理論在應付環境的變化或解決難題方面是比早期的理論要好。在這個意義上，我不是一個相對主義者，而是一個科學進步的崇拜者」，通常的觀點認爲，「新理論比舊理論好，不僅在於它在發現和解決問題的意義上是一種比舊理論更好的工具；而且還在於它是對自然界的眞實狀態的更眞實的描繪，這是一種十分錯誤的見解」。由此出發，他甚至進而否認科學與迷信的區別，爲占星術辯護。他認爲，我們不能把占星術排斥於科學之外，因爲它的預言也是符合科學的形式的，我們不能因爲術士們爲自己的失敗辯解而排除占星術。其實，今天在醫學或氣象學中，也同樣是這樣來解釋失敗的，就是像物理學、化學、天文學等精確的科學也是如此。

第二種批判的代表人物是保爾・費耶阿本德。他在科學哲學上以反對科學沙文主義、倡導無政府主義的方法論和知識論著稱。

費耶阿本德認爲，科學是一種無政府主義的事業，它沒有普遍的規範性的方法。因爲「我們要想探索的世界是一個巨大的未知實體，因此我們必須保持我們的選擇的開放，必須事先不能限制自己」，從哥白尼理論的勝利，古代原子論的提出，現代原子論、色散理論、立體化學、量子理論等的興起，以及光的波動說的出現等歷史事實中可以看出，任何一條方法規則，不論它在表面上如何有理，在認識論上有多麼可靠的根據，都不是絕對可靠的。相反地，科學的發展恰恰是經由自覺地衝破這些規則的束縛而實現的。因此，他主張應該把一切「普遍性規則」和「僵化的傳統」統統當作「中國婦女的纏脚布」，將之徹底拋棄。唯一的科學方法論規則是：不要任何規定，或者說是「怎麼都行」。他說：「『怎麼都行』並不能表達我的任何信條。它是理性主義的困境中的一種幽默的概括。如果你想要一個永恒不變的規則，如果你離開原則就不能生存，我可以給你這個原則。它將是空洞的、無用的和荒唐的。——但它是一個原則：『怎麼都行』」。

從這種無政府主義的認識論出發，費耶阿

本德在科學與非科學的劃界問題上也提出了自己的看法。他認為，由於科學與宗教迷信、理性與非理性都對人類的認識具有重要的作用，因此二者根本無需劃界。關於它們的劃界標準問題，只是一個虛無飄渺的「神話」而已。科學雖然取得了許多成就，但是不能否認，它們的許多成就的取得是得益於非科學或宗教神話的。天文學的發展最早得益於畢達哥拉斯主義和柏拉圖主義對圓的崇拜和偏愛，醫學得益於巫婆、接生婆和江湖郎中的實踐。根據現代人類學的研究，原始神話、巫術和宗教在理論結構上與科學非常相似，並有著密切的聯繫。因此，科學與非科學的分離不僅是人為的，而且對於知識的進步也是有害的。如果我們想要理解自然，控制物質環境，那麼我們必須使用一切方法和思想，而不只是其中的科學。關於「科學之外就無知識」的論斷只是另一種最方便的神話而已。

費耶阿本德把那種只肯定科學知識、不肯定非科學知識的觀點稱作「科學的沙文主義」。

他認爲，早在十七、十八世紀，科學受宗教的壓制，它是一種進步的力量。現在，特別是第二次世界大戰以後，科學已經完全解放，並進而成爲一種專橫和壓制其他意識形態的力量，而人們仍然只肯定科學、不肯定宗教迷信，這就犯了科學沙文主義的錯誤。因爲科學只是人們用以應付環境的工具之一，而不是唯一的工具。它並不是絕對可靠的。然而現在它的勢力太大，干涉太多了，如果繼續任其發展，就會有過分的危險。現在，科學已經成爲一種最新的、最富有侵略的、最教條的宗教，因而除政教分離外，還必須輔以政府與科學的分離，只有這樣才能實現人道主義。

第三種批判的代表人物是當代美國哲學家理查德・羅逖。

羅逖指出，在現代社會，人們普遍認爲，科學家已經取代中世紀牧師和近代哲學家的神聖地位，而成爲人類與某種超人類的東西保持聯繫的人。隨著人類能力的日益膨脹和擴張，外在世界開始留下越來越多的人類的蹤跡。一方面，感性的東西、經驗的東西和藝術的東西日益帶有主觀的因素；另一方面，現在留待科學家們去探索的似乎只是客觀實在那一領域了，在那裡所獲得的知識便理應被當作眞理。而科學的合理性和方法又擔保了科學家所獲得的知識就是眞理。

實際上，這種看法並不正確，因爲從無鏡認識論角度來看，科學並不具有特別的認識論地位，它只是話語的一種形式而已。科學與其他文化部門之間的分界不足以構成一個獨特的哲學問題，從這樣一個角度而言，科學與其他科學之間的對立是可能取消的。一旦「科學」不再具有令人尊敬的意義，我們就無需用它來分類。科學活動既然並沒有高明於其他人類的活動，科學就不應該成爲其他學科的典範。正如哲學不是未來文化的基礎一樣，科學也不是未來文化的基礎。因此，所謂的後哲學文化，實際上也就是一種後科學的文化。在這種種文化中，沒有人或至少沒有知識分子會相信，在我們的內心深處有一個標準可以告訴我們是否與實在相接觸。在其中，無論是牧師還是物理學家，無論是詩人還是政客，都不會比別人更理性、更科學、更深刻。

第四種批判的代表人物是以當今美國哲學家大衛・格里芬爲首的「建設性的後現代主義者」。他們不僅反對現代科學所依賴的世界觀和本體論基礎（其內容已在第二章論述），而且也否認科學的價值中立性，認爲科學應爲人類目前所面臨的各種嚴峻的危機負責。用威利斯・哈曼的話說就是：「我們時代嚴重的全球性的問題——從核武器的威脅到有毒化學物質，從飢餓、貧困和環境惡化到對地球賴以生存的體系的破壞——凡此種種都是幾個世紀以前才開始統治世界的西方工業思想體系所產生的直接後果」。

二、後現代後設科學論探索

在上面一節，我們已闡述了後現代思想家

們對現代科學典範的批判。現在，我們再來看看後現代主義的科學典範思想。坦率地說，在這一問題上，後現代主義思想家們並沒有形成統一的看法，目前尚處於探索之中。不過，筆者在根據自己手頭的資料進行研究的過程中也發現，這些思想家們的看法雖然不盡相同，但在原則問題上並不矛盾，多元論是其共同特徵，在這一共同的思想背景下，他們之間的思想具有相當程度的互補性。接下來，我們本著求同存異的原則，揭示他們自身的科學典範思想。

首先，在科學研究的基本理論前提與原則問題上，以大衛·格里芬爲代表的後現代有機論者從外部與內部兩個方面對科學進行界定。

所謂從外部的界定，也就是從外延上把科學與非科學（如政治、宣傳等）區別開來。在此意義上，後現代有機論者對科學的外延作出了如下兩點界定：

第一，任何可恰如其分地稱作科學的活動和任何可恰如其分地稱作科學的結論者，都必須首先以發現眞理的極大熱情爲基礎。也就是說，作爲人類的一種活動及其結果的科學的首要目標是發現眞理，追求眞理，而非其他。當然，科學作爲一種活動既然是由人來進行的一種活動，自然還有別的目的，如經濟的目的或其他，但是這些目的在科學活動中都必須是次要的，否則，對這種活動必須冠以別的名稱，如宣傳活動或政治活動。

第二，科學作爲一種追求眞理、發現眞理的活動，同時也是一種社會性的用數據和經驗來證明假設的活動，這就要求這些數據和經驗是可重複的，以便接受同行們的驗證。

所謂從內部的界定，也就是從內延上對科學的界定，其目的是爲了避免傳統科學的局限性，與傳統科學區別開來。爲此，後現代有機論者從內容和方法論上作出了界定。他們認爲，爲了避免現代科學在內容上的局限性，避免重蹈覆轍，科學的內涵應在如下三個方面有所擴大：

第一，科學不應該只局限於從動力因角度

研究物質的運動、變化，也應該從目的因角度去研究；不應該只局限於研究現實物質的運動、變化，也應該研究理想物質的運動、變化；不應該只研究客觀物質運動、變化的規律或法則，也應當研究這些規律或法則形成的邊界條件。

科學之所以也應當從目的因角度去研究，是因爲世界上所有的事物在最基礎層次上，都是由作爲有機體的個體事物組成的；也就是說，所有原初的個體都是有機體，都有某種程度的目的因。這些原初的個體組成的事物儘管要分成兩種，一種是複合的個體，它產生一個無所不包的主體，如動物、植物；一種是非個體化的客體，它不存在統一的主體，如石頭、計算機，但是它們的原初個體畢竟還是有機體。因此，科學對事物的分析不能夠只局限於從外在的動力因角度去分析，還應當擴展到終級因或目的因角度去分析，尤其是對複合的個體的分析更應該如此。那種盲目地否認有機物、尤其是否認人及動物有內在的目的因的說法是荒唐的，因爲科學的發展已充分表明，去掉終極因或目的因就不能達到對事物的完滿的解釋。

科學之所以還應當研究理想物質的運動、變化，還應當像數學一樣處理各種理想事物之間的關係，是因爲只有這樣，他們的分析才能更加徹底、一貫，擺脫現象對人們認識的局限性。

科學之所以不應當只研究客觀物質運動、變化的規律或法則，還應當研究這些規律或法則形成的邊界條件，是因爲規律並不是千古不變的，它只是事物在一定的條件下表現出來的一種顯在的秩序，一種顯在的習性。從本體論的角度來說，世界上所有的事物在終極層次上都是由作爲有機體的個體事物組成的，所以，所有個體的運動規律或法則都是對其所面臨環境的一種反應，都會隨著環境的變化而發生相應的變化，也會隨著作爲有機體的個體的進化而進化。因此，我們就不能把個體的運動規律或法則看成是永恒不變的東西，而應當看成是個體在一定的環境下的運動習性。因此要眞正地把握其運動，變化的趨向，就應當進一步地把握該規律形成的邊界條件，研究其形成的起源。

第二，科學研究雖然需要經過反覆的經驗證明，但不能把這種經驗證明只局限於其中的某一種。比方說，不能夠只局限於實驗室的實驗檢驗，還應當考慮到其他形式的經驗檢驗。

在後現代有機論者看來，現代科學如此地偏愛實驗室的實驗檢驗，完全是由於其形而上學的立場所決定的。這種偏愛首先反應出了它的物理主義的、非生態論的假設；按照該假設，世界上的萬事萬物的性質在根本上是由其基礎性的實體決定的，與環境無關。因此，科學家們才熱衷於把作爲研究對象的生物及其構成成分從其存在的實際環境中分解出來，放到理想的、簡單的和人爲的實驗室環境中去考察，以至於不能得到實質性的結論。其次，這種偏愛也反應出了它的還原論的假設，按照該假設，一切複雜事物最終都可以還原爲基本構成成分，也像它的基本構成成分缺乏自決特徵，因而它們應當具有同樣強的實驗可重複性。此外，這種偏愛也反應出了現代科學的主要目的是預測和控制可重複性現象的假設。但是按照後現代有機論的分析，這種偏愛所隱含的所有這些形而上學假設是站不住脚的，所以，科學檢驗不能只限於實驗檢驗，還應當包括其它形式的經驗檢驗。

第三、科學對眞理的追求不依附於有條件的信仰，也就是說，科學不能先驗地局限於任何特殊類型的信念與解釋。

後現代有機論者認爲，科學在追求眞理的過程中，固然是要以一定的信念爲依據的，但不可隨意地以某些信念爲依據。比方說，科學不能受下列信念限制：構成宇宙萬物的基本粒子是沒有感知力的（廣義上的），是相互孤立、缺乏內在聯繫的，它們的運動規律是永恒的，世界上的所有現象也都是由這些基本粒子的外在的相互作用（到目前爲止已發現四種）所決定和造成的。所有目的論的原因都是虛幻的，不存在遠距離的相互作用；宇宙在整體上也不是一個有機體，它的進化也沒有什麼內在的意義。這些信念是建立在機械論物理學基礎上的現代科學所依賴的信念，並不是人類實踐證明任何科學都必須信賴的觀念，因此，科學在追求眞理的過程中對這類信念必須持懷疑態度，只能把它作爲一種預設來看，不可作爲一種信條來對待。現代科學發端於近代的牛頓物理學，其發展過程已有數百年的歷史，但它對非機械物、尤其是作爲生命的人類與動物的解釋，至今不能令人滿意，也充分地說明了它所依據的上述信念並不是眞正值得合理化、眞正值得信賴的信念。

當然，任何科學研究都必定是要以一定的信念爲依據的，後現代科學觀（有機論）要成爲眞正合理的、有生命的科學理論，也必須要有一些可以作爲理論基礎的信念，以免重蹈覆轍。爲此，他們提出了如下五條原則作爲其理論前提：

1. 因果普遍原則：任何活動都要受到其他

活動的因果影響。這一原則排除了「諸如宇宙源於絕對虛無或源於純粹可能性的觀點」。

2. 內因自決原則：任何事物，包括人類的精神活動，都不是由外在的活動決定的，相反地，組成宇宙萬物的原始個體都是部分自決的。這一原則排除了機械論的世界觀的合理性。

3. 先因後果原則：在每一因果關係的活動中，作爲原因的活動在時間上必先於作爲結果的活動而出現。不過，這一原則不適用於自決活動或自因活動，因爲在這類活動中，同一活動既是原因又是結果。這個原則排除了粒子在時間上可後退的觀念，排除了「後退原因」和「預知」的觀念。

4. 眞理符合原則：眞理是陳述與客觀實在的符合，在這個問題上，後現代有機論者與其他的後現代思想家的看法是大相逕庭的。如前所述，以德希達、羅逖爲代表的後現代哲學家從語言哲學角度對眞理符合論進行了有力的抨擊與批判。後現代有機論者認爲，德希達、羅遜等人的語言觀是不能成立的，「既然語言只與語言一致，那麼它表達或引起了了解非語言實在的方式，這些方式多少能準確地與那一實在的特徵相符合。因而，科學可以使人們學會對世界的思考方法，對眞正代表自然的模型和結構有越來越貼切的認識」，因此，眞理符合論在某種程度上仍然是可以成立的。

5. 眞理融貫原則：任何一個科學理論成爲眞理的必要條件是，該理論體系必須與人類思維的普遍原則或前提相一致，其本身也必須是內在一貫的，不可自相矛盾。這個原則也曾經遭到過不少人的批判，後現代有機論者認爲，雖然其中有些批判是有道理的，但是，這些批判並不足以影響該原則的成立，它只是提醒人們在運用這個原則時，必須做必要的限制，這個原則畢竟還是反駁者在反對過程中也不能不遵守的原則，畢竟是人們在檢驗理論的過程中也不得不遵守的原則。因此，該原則仍然是可以成立的。

其次，在科學與非科學的關係以及科學的

社會地位問題上，費耶阿本德提出了著名的「自由社會理論」。

費耶阿本德從反對「科學沙文主義」出發，進而反對現代科學本身。受存在主義等人本主義思潮的影響，他斷言在20世紀的今天，科學已經發展成爲一種怪物，一種壓制人的本性，使人沒有幽默、沒有魅力，只有可憐、冷漠和自負的機械裝置。他驚呼今天的科學已經成爲一種最富有挑釁性的最獨斷的宗教制度了，主張應當建立一個反科學壟斷的「烏托邦社會—自然社會」。

所謂自由社會，用費耶阿本德自己的話說，就是「所有傳統在其中都有平等的權利、平等地接受教育和接近其他權力位置的機會的社會」。在這樣一個社會中，傳統談不上好壞，它們僅僅只是傳統，因爲「理性也不是傳統的仲裁人，它本身就是一種傳統或傳統的一個方面」。自由社會不以任何特殊的信念爲基礎；例如它不以理性主義爲基礎或對於人道主義的考慮。它的基本結構是保護性結構，而不是一種意識形態，它像鐵欄杆那樣發揮作用，而不像信念那樣發揮作用。在這種自由社會中，實行國家與科學的分離、科學與教育的分離。人們在學校中既能學習物理學、天文學、歷史學，也能學習「巫術、占星術、祈雨儀式和傳奇等」，科學由外行來領導，同時科學也要接受群衆的監督。

最後，在科學的合理性問題上，羅逖提出了著名的「種族中心主義的合理性」理論。在這個問題上，羅逖首先分析「科學合理性」這一概念的兩種含義：

在第一種含義上，所謂合理性也就是有條理性，當我們說某種方法或理論擁有合理性，也就是指它擁有事先制定的成功標準。他認爲，在這種意義上，人們把自然科學作爲合理性的典範是有道理的。可是，這一意義上的「合理性」也有其內在的缺陷：

1. 它不適用於說明哲學、藝術和社會科學等學科的合理性，按照這一標準，這些學科根本也就不可能是合理的，因爲它們並不擁有事先制定的成功標準。

2. 它需要一種特殊的形而上學來說明人類有能力認識在康德的「自在之物」意義上的客觀實在，需要一種特殊的認識論證明所謂眞理就是「與實在的符合」，證明人類認識的成果在何時、何地及何種場合確實達到了「與實在的符合」，而不是人們的妄想。不幸的是，如上所述，它所依賴的特殊的形而上學和認識論基礎都遭到了後現代思想家的懷疑，甚至是徹底否決。

3. 在此種意義上，科學的合理性最終是由科學的客觀眞理性來說明的。按照這種看法，眞理似乎是一個有待我們去達到、而且也能夠去達到的遙遠的目標。可是，「我們不能想像，有朝一日，人類可以安頓下來說，『好，既然我們已達到了最後的眞理，我們可以休息了』」。

在第二種含義上，合理性指的是某種「清醒的」、「合乎情理的」東西，指的是一種「有教養的」的品性，包括容忍、尊敬別人的觀點、樂於傾聽不同的意見、依賴於說服而不是壓制導致認識的一致性。在這種意義上，人們在討論任何問題時，不管是宗教的、文學的和科學的問題，都要避免教條主義、自衛心理和義憤，都要避免費耶阿本德所批判的「科學沙文主義」的態度與傾向，不是由其客觀性來說明的。

與第一種含義相比，第二種含義上的「合理性」概念具有如下的優點：

1. 它不僅可以說明科學的合理性，也可以說明哲學、藝術和社會科學等學科的合理性。

2. 按照這種看法，任何理論的眞理性不是由它的客觀性來說明的，而是由它的協調性說明的，是由理論使用者、創造者之間的「非強制的一致性」來說明的，換句話說，就是由「主體間的一致性」來說明。在這裡，所謂眞理不是指與客觀實在相符合的東西，「只是對一個選定的個體或團體的現時的看法」。這樣，它在理論上就不需要上述所說的特殊的形而上學與認識論作爲其理論基礎，用羅逖的話說，就是「我們這些想把客觀性歸結爲親和性的實用主義者，既不需要一種形而上學也不需要一種認識論。我們既不需要對信念與對象之間的被稱爲『符合』的關係的說明，也不需要對保證我們這個派別能夠進入這種關係的人類認知能力的說明。我們認爲眞理與證明之間的鴻溝，不可以透過分離出一種可用來批評某種文化而讚揚別的文化的自然的、超文化的合理性來連接，它是在實際好的和可能更好之間的鴻溝」。因此在這裡，當有人說人們信奉的某個理論可能不眞時，不是指它與客觀實在不符，而是指人們可能有一種更好的想法。這樣一來，它就可以避免很多認識論與形而上學證明上的麻煩。

3.在這一理論中，眞理概念已爲「主體間性」概念所取代，人類認識的進步性不是體現在越來越與客觀實在相符合，而是指越來越多的不同種族的信念比較和諧地交織在一起，各個種族在認識上取得了越來越大的「非強制的一致性」。這樣一來，「所謂人類的進步，就是使人類有可能做更多有趣的事情，變成更加有趣的人，而不是走向一個事先已爲我們準備好的地方」，就可以避免傳統眞理觀在被人類最終達到問題上的困境。

結論

在前面幾章，本書已探討了後現代主義科學觀的起源及其基本內容。在結語部分，本書簡要探討一下後現代主義科學觀的合理性及其發展前景問題。

經由以上各章的論述可以看出，後現代主義的科學觀在根本上具有多元論的特徵，是建立在眞理多元論的基礎上的。對於那些長期受到素樸的經驗主義認識論、尤其是受到自近代以來的機械反映論影響的人來說，這一點是無論如何難以接受和承認的。爲了使讀者們更加清晰和簡單明瞭地理解其合理性，我在下面將藉著古代印度盲人摸象的寓言來說明這一點。

在古代印度盲人摸象的寓言中，四個先天的盲人透過他們有限的感覺能力來概括大象的總體生理特徵，他們各自根據自己所摸到大象的身體部分，分別斷言大象是一種類似於繩子、柱子、扇子或牆一樣的東西。對於我們這些視力正常的人來說，這四個盲人的說法都是片面的，大象在根本上並不是他們所描述的東西。但是，對於這些盲人來說，他們每個人的斷言都是建立在他們自己的親身感覺基礎上，就他們所接觸到的區域來說，他們每個人的說法又都是正確的。就他們各自的立場來說，別人的說法都是不能成立的，他們的說法之間是相互衝突的。但是，對於大象本身來說，他們的說法之間是互補的，只有把他們的說法綜合起來，才能更加接近或逼近大象本身。由此可見，對於這些感覺能力或感官有限的盲人來說，眞理是多元的，是由他們的視力和能力決定的。而對於視力正常的人來說，眞理是一元的，關於大象的眞理只能有一個，不能有多個。

上面我們說的是盲人的寓言，實際上，當

我們人類運用有限的感覺和感官去認識浩瀚無垠的世界或宇宙時，又何嘗不是如此呢？面對一頭大象，我們以視力正常的人的觀察來作出比較科學、全面和客觀的結論；但是，面對浩瀚無垠的世界或宇宙，又有誰能夠充當那種角色呢？在這樣的一個意義上，我們認爲，經驗主義的眞理一元論是站在全知全能的立場來講的，這種眞理可能是存在的，但它具有非人類的全方位特徵。後現代主義思想家們所主張的多元眞理論，是一種人類學意義上的眞理論，它是由人類這一生物種族的生理特徵和社會活動特徵及其歷史特徵決定的。

總之，後現代主義科學觀所主張的多元眞理論是一種人類學意義上的眞理論，而不是那種宇宙學或類似於神學意義上的眞理論，它的合理性就在於它適用於人類這一種族。由於人類要掌握的眞理原本就是適用於自身存在的眞理，而不是那種永遠也不可能達到的宇宙學或神學的眞理論，因此，我們認爲，後現代科學觀所主張的多元眞理論是有著光明前景的，但是，它必須牢記自己的適用邊界，否則就會重蹈傳統符合眞理論的覆轍。

最後，需要說明的是，本書只是爲後現代主義者所主張的多元論提供理論上的合理性的證明，並不等於就贊同後現代多元論者的所有觀點。正如筆者在前言中所指出的，一元論與多元論是各有利弊的，本書只是出於一些學者把多元論與羅逖所批判的「相對主義」混爲一談的錯誤（羅逖曾把相對主義分爲三種，批判了前兩種含義的相對主義，肯定了具有種族中心主義特徵的相對主義，這也是筆者贊同的看法），才感覺到有必要爲多元論的合理性作出辯護。

參考書目

英文部分

1. Arthur Fine: "The Natural Ontological Attitude", in Jarrett Leplin (eds): *Scientific Realism*, University of California Press, 1984.
2. J. J. C. Smart: *Sensation and Brain Process*, reprinted in Essays Metaphysical and Moral, London: Routledge and Kegan Paul, 1987.
3. D. M. Armstrong: "Recent Work on the Relation of Mind and Brain", *A New Survey,* vol. 4.

4. ——: *A Materialist Theory of the Mind,* London: Routledge and Kegan Paul, 1968.
5. H. Marcuse: *One Dimensional Man,* Boston: Beacon Press, 1964.
6. Hans Georg Gadamer: *Wahrheit und Methode* J. C. B. Mohr (Paul Siebeck), Tubingen, 1975.
7. Hilary Putnam: "What is Realism" , In Jarrett Leplin (eds) : *Scientific Realism*, Universiy of California Press , 1984.
8. J. F. Lyotard: *The Postmodern Condition: A Report on Knowledge.* trans. by Geoff Bennington and Brain Massumi, Foreword by Fredric Jameson, 1984.
9. J. Habermas: *Toward a Rational Society,* London, 1971.
10. Max Horkheimer: *Dialectic of*

Enlightenment, The Continuum Publishing Company, 1987.

11. Paul Feyerabend: *Against Method: Outline of an Anarchistic Theory of Knowledge*, London, New Left Books, 1975.
12. ——: *Science in a Free Society*, Verso Edition/NLB, 1982.
13. Richard Rorty: *Philosophy and the Mirror of Nature*. Princeton University Press, 1979.
14. ——: *Consequences of Pragmatism*. Minneapolis: University of Minnesota Press, 1982.
15. Madan Sarup: *An Introductory Guide to Poststructuralism and Postmodernism*, N. Y. 1988.
16. T. S. Kuhn: *The Structure of Scientific Revolutions*, The University of Chicago Press, 1970.

中文部分

1. 涂紀亮主編：《當代西方著名哲學家評傳》，第3、9、10卷，山東人民出版社，1996年版。
2. 霍克海姆：《批判理論》，中譯本，重慶出版社，1989年版。
3. 沃·威爾什：〈我們的後現代的現代〉，載《後現代主義》，社會科學文獻出版社，1993年版。
4. 《後現代主義》，社會科學文獻出版社，1993年版，p.96。
5. 羅逖：〈羅逖談當代西方哲學〉，周曉亮譯，載《哲學動態》（北京），1990年第8期。
6. 維根斯坦：《哲學研究》，湯潮、范光棣譯，三聯書店，1992年版。
7. 大衛·格里芬編：《後現代科學》，馬季芳譯，三聯書店，1992年版。
8. E·海克爾：〈有機體普通形態學原理〉，轉引自《蘇聯哲學問題》，1980年8月版。

9. 余正榮：〈生態世界觀與現代科學的發展〉，《科學技術與辯證法》（山西），1996年第6期。
10. E・詹奇：《自組織的宇宙觀》，中譯本，中國社會科學出版社，1992年。
11. 陳奎德：《懷特海哲學演化概論》，上海人民出版社，1988年版。
12. 張志林、陳少明著：《反本質主義與知識問題—維特根斯坦後期哲學的擴展研究》，廣東人民出版社，1995年版。
13. 劉魁：〈當代科學哲學的困境與羅逖後現代哲學的啓示〉，載《江海學刊》（江蘇），1995年第1期。
14. 周國平：《尼采與形而上學》，湖南教育出版社，1990年版。
15. 理查德•羅逖：《後哲學文化》，黃勇編譯，上海譯文出版社，1992年版。
16. 張國清：〈羅逖與基礎主義文化觀的終結〉《哲學研究》（京），1996年第8期。
17. 鄭祥福：〈後現代話語和元敍事的黃昏〉，

《社會科學戰線》（長春），1996年第5期。

18. 王岳川：《後現代主義文化研究》，北京大學出版社，1992年版。

19. 庫恩：《必要的張力》，中譯本，福建人民出版社，1980年版。

20. 「德」冏特・紹伊博爾德：《海德格爾分析新時代的科技》，宋祖良譯，中國社會科學出版社，1993年版。

香港學

文化手邊冊 34
作者：李英明
策劃：孟樊
定價： 150 元

香港在九七主權回歸北京後，
到底將何去何從，
成為各界矚目的焦點。
本書嘗試從民族主義、文明衝突以及
未來北京與香港間的
「中央/地方」關係等角度
論述香港未來在世界體系和中國大陸
擠壓下的可能發展性。
此外，本書除了從宏觀角度分析未來
台港大陸之間三角關係的可能演變外，
亦從較技術的層面分析香港基本法，
從理論到實際的發展過程，
與香港未來前途的關係。

文化民族主義

文化手邊冊 35
作者：郭洪紀
策劃：孟樊
定價：150 元

在當今世界，
文化民族主義已經成為一種強勢性的
政治潮流，
它的潛在影響力，
不僅導致了分裂半個世紀之久的
中歐大陸的重新組合；
也促進了一度牢不可破的
東歐帝國之迅速瓦解。
這股強勢性的政治潮流，
亦將取代或加強東西方原有
意識形態的對抗，
成為新的文化融合或文化衝突的根源。
本書的出版，
盼為臺海兩岸未來的走向
提供一深思的基礎。

新制度主義

文化手邊冊 36
作者：王躍生
策劃：孟樊
定價：150

經濟學在經歷了兩百多年的發展後，已日益成熟，但也日益顯出遠離經濟現實的偏向；而當下許多正值經濟制度轉型的國家，向新制度主義討教的次數卻越來越多。作為新自由主義流派的一支，此一新起的經濟學——新制度主義究竟有何魅力，可以得到近二十年來空前的發展與關注？甚至接二連三獲得諾貝爾獎？這些問題在本書中，均可找到清晰明確的答案。本書是台灣有系統地首揭新制度主義經濟學的頭一本著作。

讀者反應理論

文化手邊冊 32
作者：龍協濤
策劃：孟樊
定價：150

讀者反應理論是廿世紀中後期在接受美學思潮中發展起來的一門新文學理論，構成當代西方文學批評的基本走向。以讀者為中心的讀者反應理論適應當今人文精神回歸、人的主體性張揚的時代要求。本書簡明扼要但又系統性介紹該理論的觀點、理論淵源、主要代表人物以及發展前景，對於一般讀者和專門研究者都能引發閱讀興趣。

後現代科學觀　文化手邊冊 37

作　　者/劉魁

出　　版/揚智文化事業股份有限公司

發 行 人/葉忠賢

責任編輯/賴筱彌

執行編輯/龍瑞如

登 記 證/局版北市業字第 1117 號

地　　址/台北市新生南路三段 88 號 5 樓之 6

電　　話/(02)2366-0309　2366-0313

傳　　真/(02)2366-0310

E— mail/ ufx0309@ms13.hinet.net

印　　刷/偉勵彩色印刷股份有限公司

法律顧問/北辰著作權事務所　蕭雄淋律師

初版一刷/1998 年 5 月

定　　價/新台幣:150 元

南區總經銷/昱泓圖書有限公司

地　　址/嘉義市通化四街 45 號

電　　話/(05)231-1949　231-1572

傳　　真/(05)231-1002

I S B N / 957-8446-50-0

國家圖書館出版品預行編目資料

後現代科學觀=The View of Postmodern Science / 劉魁著

--初版--臺北市;揚智文化,1998{民 87}

面;公分—(文化手邊冊;37)

參考書目;面

ISBN 957-8446-50-0(平裝)

1.科學—哲學:原理

301　　86013880